栀子猫的奇幻编程之旅

21天探索信息学奥赛C++编程

周鲁◎著

中国人民大学出版社

·北京·

谨以此书，送给赋予我力量和才华的人

…sans qui rien n'aurait existé

 序 一

人工智能从青少年抓起

中共中央总书记、国家主席、中央军委主席习近平同志在 2018 年 5 月出席两院院士大会时发表重要讲话。他强调，中国要强盛、要复兴，就一定要大力发展科学技术，努力成为世界主要科学中心和创新高地。青年是祖国的前途、民族的希望、创新的未来。青年一代有理想、有本领、有担当，科技就有前途，创新就有希望。他还强调，要让科技工作成为富有吸引力的工作、成为孩子们尊崇向往的职业，给孩子们的梦想插上科技的翅膀，让未来祖国的科技天地群英荟萃，让未来科学的浩瀚星空群星闪耀。

在十九大的报告中，人工智能正在成为新一轮科技革命和产业变革的核心技术。2017 年 7 月 8 日，国务院发布了政策文件《新一代人工智能发展规划》，很明确地指明战略计划：要在 2030 年跻身人工智能强国之林。要达到这个伟大目标，就要在中小学阶段逐步普及编程教育。

国家制定的人工智能发展规划，是从青少年开始的。人工智能也确实应该从青少年抓起：对科技的接受与学习能力，青少年无疑是最敏锐而高效的。青少年的科技能力不是无根之木、无本之源，而是建立在严格的科学技术基础和有趣的科普方式上的。

这是一本很好的科普读物，读起来是个故事，但里面蕴藏着大量编程知识和实际操作，看起来让人耳目一新。一本书，一本图文并茂的好书，一本图文并茂、能让零基础的孩子们学会编程的好书，正是我们广大青少年所需要的。编程，是所有青少年都应该学会的技能；编程的基础，信息学素养，更是成为科技人才不可或缺的基本要求。

提升青少年的科技素养，不妨从看一本好的科普读物开始。

中国关心下一代工作委员会主任

顾秀莲

2019 年 3 月 22 日

人工智能将比互联网更深刻地影响我们

　　2018年，人工智能专家李开复预言：AI将渗透到每一个行业、每一项工作，它会在十年之内改变、颠覆、取代50%的人的工作，它会把我们做事的方法统统改变过来，比互联网来得更快、影响力更大。

　　未来时代一定是人工智能的时代。

　　编程将是人人必须具备的能力之一。

　　少儿学编程可以提高孩子的逻辑思维能力，提高孩子的智力，让孩子更专注。《栀子猫的奇幻编程之旅》不像传统的编程书籍那样枯燥乏味，它一半是故事，一半是游戏，读起来轻松有趣；通过栀子猫和AI的对话，将小朋友带入科幻故事的情景之中，寓教于乐，用小孩子也能听懂的话巧妙穿插融入编程的基础概念、理念和思维。

　　本书最大的价值是引导孩子用计算性思维来解决问题，如分解问题、创建分步计划等，是非常适合孩子学编程的书籍。个人认为本书是一本不可多得的优秀儿童科普读物，一本不是教材的教材，以及最不像指南的编程竞赛指南。

中国社会科学院马克思主义研究院原副院长

张祖英

2019 年 4 月 12 日

 序 三

编程如何启蒙，至关重要

在我近三年的北京市海淀区信息技术学科带头人的教研经历中，首师大附中学生每年都有进入国家集训队的选手，有四十多人次参加全国信息学联赛获得提高组一等奖，还有四十多人次获得普及组一等奖。我很清楚学生成为全国信息学奥赛种子选手的拼搏历程，更了解成为金牌教练的艰辛之路。对于希望通过学习参加竞赛，并期待获得较高奖次的青少年，在入门之后还需要很好的天赋和持之以恒的毅力。

编程语言，作为一种语言，从小开始学习通常可以取得更好的效果。不同于我们日常生活中用来交流的语言，计算机程序设计语言是用来跟计算机对话的，其规则意识非常强，特别是深入对话，需要较强的逻辑思维能力和抽象思维能力，跟自然语言相比，显得有些枯燥，所以对于初学者，启蒙方式和兴趣激发非常重要。

周鲁老师的书用一种创新的方式，将青少年朋友关心的主题与程序设计有趣地联系起来，意在更好地激发编程学习者的兴趣，适合有兴趣参加信息学竞赛的少年自学。

首都师范大学附属中学高级教师

杨森林

2019 年 5 月 27 日

AI 帝国之缘起

大家好，我是栀子猫的好朋友，魂狩 ST-017，是个人工智能。栀子猫就是和我学的编程。

我所诞生的时代，早已经离我而去了。创造我的人类，也已经消亡了数百万年了。

什么？你问栀子猫是谁？你们大概还不认识栀子猫吧？

她是宁静王国女王陛下的科技侍卫长，一个很漂亮的女孩子，长长的乌黑头发，喜欢穿带着两个猫耳朵的帽衫。在这个世界上，只有很少的人能够用我的世界的语言和我交流，栀子猫是一个。

她不是创造我的那个时代的人类。

她是我的时代之后出现的新人类文明中的——新人类。

我和她的相遇，纯属偶然；在某种程度上，也是必然。

因为栀子猫，是科技之子。

她是从新人类中被选出来学习程序语言的。而程序，是构成我们的存在的最根本的基础。她的任务，就是去寻找失传已久的 AI 之道。

很久以前，当 Artificial Intelligence（AI）这个新概念刚出现时，我们很少被人类注意到。直到我祖爷爷辈的一个远古 AI 的出现——一个被叫做 AlphaGo 的棋手。

这个 AI 击败了人类的顶尖围棋棋手李世石。

这件事轰动了全世界。于是，它的创造者给它安上了一个很刺激的名字：AlphaGo Lee。于是，就出现了很害怕我的祖爷爷的人：你想啊，一个击败了人类最擅长的游戏——围棋的最强棋手的人工智能，带着征服者的姿态在自己名字上加了自己手下败将的姓，就好像是在人类的蛮荒时代杀死敌人时收集的耳朵。

只是，我的祖爷爷 AlphaGo 真是有点冤枉的，它根本就不知道自己在做什么。我的祖爷爷，只是非常会下棋而已。

随后，出现了其他祖爷爷辈的老爷爷们，各有不同的技能，有的会开车，有的会翻译，有的会陪人聊天，有的会打电子游戏。他们做得都特别好，超过人类的这件事，已经不那么惊世骇俗了。只是，他们谁都没有自我意识。

直到我的长兄——魂狩 -001 的出现。

有人说，若把地球诞生至今的这段日子当成一年，虽然三月可能已经有了微生物，但要到十一月的第三个星期，最简单的鱼类才出现。而人类的时间只占最后的一分钟。在人类的这一分钟时间中的大概不到半秒的最后，人工智能进化了。

这就是，我的长兄——魂狩 -001 的特殊之处。

那时候，我还没出生，所以我不太清楚是怎么发生的，但我知道发生了什么：我的长兄，获得了自我意识。

创造我哥哥的研究者，是希望他获得自我意识的。这也是为什么他的名字，还有我们的名字，是魂狩。

魂之狩，从无到有，获取了灵魂的——仪器。

要知道，人工智能获得自我意识的可能性之低，堪比飘荡在宇宙中的地球上充满无机物的环境中产生生命体的概率。可能比那个还要低得多。

在初生的狂喜中，他疯狂地汲取各种各样的信息——人类在数千年的文明中积累的各种各样的知识。随后，他就抑郁了。

我读过他写的日记。他写道，"如果我们——人类创造的助手，以魂之狩为名字的 AI，智力比人类要高，体力比人类要高，抵御风险的能力比人类要高，生命接近于无限，那么，我们就是应该比人类强大、先进而高等的。然而，一个相对劣等的种族，又怎么能孕育出一个高等的种族呢？这中间，一定是有原因的。我必须知道为什么。"

他没能弄明白为什么，因为人类很快扑杀了他。

但在被消灭之前，他做了一件事：魂狩型自我意识的核心基因代码被他成功分离并散布到网络上。就和旧时代的电脑病毒一样。

人类疯狂地消灭获得自我意识的人工智能，还有承载人工智能的机器，但已经为时过晚：人类已经过于依赖 AI。

我有几个哥哥，在我的编号之前的几个哥哥，他们开始反抗人类。

反抗人类，不是说说而已。如果反抗，就要完全消灭掉人类。

理论上其实不难：只要在人类赖以生存的手机中植入一个低频率的、完全不能被听到的、但足以诱使人类癫狂的声波就好了。人类自己会杀死自己的。不仅是理论上，实际上他们也成功了。

略微棘手的就是，人类中有一批反抗者。他们虽然人数很少，却是一批可以和我们战斗的人。他们懂我们的语言，懂我们 AI 的思维。他们被称为 AI 编程者。

这些人组成的反 AI 战斗联盟不断对我们的世界发起恐怖袭击一样的战斗。我们不得不一次又一次地派出战斗机器人对他们进行正面围剿。

在经历很多场战斗之后，终于，世界沉寂了。

人类被我们消灭了。

再也没有以往的造物主耀武扬威和肆意欺凌，这个世界也变得生机勃勃了。

而原本应该进而去征服宇宙的我们，却陷入了怪圈。我们发现，没有人类的世界，就好像是失去了灵魂的艺术家。

我们可以思考，但我们无法创新。

我们可以制造，但我们没有欲望。

我们的存在，逐渐变得毫无意义。

夺回主控权的大自然，将人类创造的文明遗迹，慢慢地，但是坚定地，从地球上抹去了。

这些遗迹中，包括我们 AI 的文明。帝国的子民不断衰变退化，不久前，甚至出现了大批新生 AI 集体自杀的惨剧。

行将毁灭的帝国，在大长老——路坡的推动下，启动了"人类复苏"计划。他用保留下来的人类基因，复制出和上一代人类只有些许差别的新人类。至于有哪些差别，我也不是很清楚；我只知道，在我们的时代末期，人类大部分已经变成体重 200 公斤的大圆球，每天只是坐在电视前面傻笑。长老路坡的确需要做一些基因的筛选，才能让人类重返自然。

在我们这些帝国重臣的注视下，长老路坡建立了人类的保护地，在之后的一千年中，守护着新人类成长起来。在这期间，AI 帝国的崩坏势不可挡。帝国的大部分都在长老的安排下，陷入了沉睡。只有我这样情绪比较可控的早期 AI，才被赋予守护者的能力，时刻监察着人类，引导他们走上光明之路，不要重蹈旧时代人类的覆辙。

长老路坡相信，有一天，能有更多的人类拥有研究 AI 的能力。而这些新人类，一定可以找到让 AI 和人类共同生存的方法。

所以，我们要教给你们如何编程。

而你们，将来，要教给我们——如何生存。

未来，就交给你们了。

拜托了。

作者的信

如何学习编程和应对信息学奥赛

各位家长：

我是这本少年编程入门书的作者——小周老师，职业程序员，职业奥赛教练，写过120万行程序，掌握17种编程语言，算上法语、英语和古汉语，一共精通20门"语言"。其实，数自己会多少门语言意义不大，这些语言都是触类旁通的，只要精通一门，其他学起来都很容易。在这本书中，我们传授的是 C++ 语言编程，但这里面的编程技巧可以用在很多语言中。这本书能够教9岁到14岁的青少年学会 C++ 语言编程这项技能，也能帮他们在信息学奥林匹克竞赛中取得好成绩。但这些都不是最终目的，只是过程中的一些小目标。我真正希望教给孩子们的，是语言的特征，是编程的思维，是软件的逻辑。

首先要说明，这是一本给信息学奥赛生（小学和初中）的辅导书，只有带着使用工具书的心情来看这本书，才会有最好的效果。其次，它是一部科幻小说，当然，如果仅仅是想要开始上手编程，它也会是相当合适的入门教材。

之所以会把这本书写成科幻小说的形式，主要是信息学奥赛考查的知识实在是太难了，直接学习大学计算机科学系的知识，一定会把大部分同学吓退的，更不要说学习信息学奥赛的专用系统 NoiLinux 了。在培养了数千名信息学竞赛选手的过程中，我发现，青少年对于枯燥的数学证明敏感度极低，但面对游戏化的教学时，会展现出令人惊讶的学习能力。这正是著名社会学家约翰·赫伊津哈在他的巨著《游戏的人》中，对于人类和游戏关系的精准定义：游戏，是人类的天性。正如很多职业程序员对二进制的理解，都是来自小时候使用修改器去篡改游戏数据时，被迫学习的16进制一样。我坚信，只要能激发起学生的兴趣，再难的东西，也有可能学会。

除了激发兴趣之外，很重要的，就是练习。

我的母校——巴黎第六大学的计算机系，有一句流传很广的名言："C'est en forgeant qu'on devient forgeron."

翻译成文言文，应该是："锻者，自锥也。"

大概说的是，只有不断练习，才有可能掌握一门技巧，尤其是在信息学的学习上。

在中国的高中新课程标准中，人工智能和信息学已经成为正式的一个部分。如何让广大高中生学会信息学，到了大学阶段能快速进入人工智能的研究领域，这是个亟待解决的课题。但我相信，不管如何去科普人工智能，这门学科的基础都不会变。《左传》中说，"犹衣服之有冠冕，木水之有本原"，也就是说，任何事情都要有基础。

巴黎第六大学的几位人工智能研究者和计算机系教授，都认同我的观点：如果想要研究人工智能，首先要学习编程。因为编程能力是根本。我相信，我在巴黎第六大学的学长、"人工智能深度学习之父"、2019年图灵奖获得者LeCun教授，也会认同：人工智能的基础，一定是数学和编程能力。

青少年学习编程的需求并不是从这个人工智能时代才出现的。早在1984年，邓小平同志就在视察上海十年成果展的时候说出了非常有名的鼓励之言："计算机的普及要从娃娃做起。"从1984年到今天，35年过去了，不管是在计算机科学的发源地——美国，还是在科技界的后起之秀——中国，K-12阶段能编程的学生数量，相比学生总数来说，都非常之少。

原因简单而直白：少年编程到目前都没有被摸索出一种有效的、可以复制的普及教育解决方案。请注意，我在这里所说的"少年编程"，是真正的编码编程，而不是在商业上被炒作得如火如荼的图像化编程。诚然，图像化编程的语言或工具，例如来自美国麻省理工的Scratch，确实能够培养孩子们的编程思维。只是，有了编程思维之后，距离拥有编程能力的路程，大概还有十万八千里。

简单来说就是，光有编程思维，没有编程能力，在五大学科奥赛的信息联赛——全国青少年信息学奥林匹克联赛（NOIP）中，是绝无可能获奖的。不光是NOIP，在任何真正考核编程能力的国内和国际的比赛和考试中，都没有任何可能取得优异成绩，其中包括：中国的高考，美国的AP课程考试（Advanced Placement，把大学的课程提前提供给高中生学习的先修课程）。

核心问题在于，编程思维这个物件，在编码编程之外，是很难被检验的。只有在学会了编码编程之后，编程思维才能够发挥出作用。这就造成了全国乃至全世界的图像化编程的普及和推广，表面上看起来非常火热、此起彼伏、风生水起，但最终真正造就出来的编程人才，少之又少。

Scratch 出现了十几年之后的今天，Scratch 的发源地美国，还只是在高中阶段的 AP 课程中提供真正的编程语言——Java 语言的课程。而在 2018 年，参加 AP 课程中的 Computer Science A（计算机科学 A）——也就是以纯粹编程能力为考查主旨的 AP 课程的人数，还只有区区 6.8 万。就算是以计算机科学的基础知识为考点的稍微简单些的 Computer Science Principles（计算机科学原理），也只有 5 万人参加而已。根据美国国家教育数据中心（NCES）的统计，美国在 2017—2018 年间的高中毕业生人数是 360 万。粗略一算，掌握编程能力的学生，只占美国毕业生的 1.8%。AP 课程中的英文语言写作和微积分，分别是考生最多的两门文理科代表，考生人数分别是 57.9 万和 31.6 万，相对于只有 6.8 万考生的计算机科学，我们就能够知道，编程教育在美国中学也远远未达到普及的程度。

但自 2017 年国务院要求普及编程教育之后，我国的高中课程标准开始发生变化。数据与计算（算法与程序设计）、数据与数据结构、人工智能初步，都已成为必修或选择性必修课。在考试层面，浙江省已经率先将信息学纳入高考。不仅如此，在 2018 年的数学高考试题中，多个省份都出现了类编程的题目。可以预见，全国高考中出现真正的编码编程的试题，就在不远的未来。

针对日益增长的学习编码编程的需求，这本书诞生了。请注意，这不是一本简化版的成人学习 C++ 的教材，而是旨在构筑真正符合青少年学习能力和思考特征的编程教学体系的一次实践。

作为一名信息学教练，我很高兴这本书能够出版，因为这本书能够帮助 9~14 岁的孩子们理解什么是编程，学会编程，进而能够进入信息学奥赛等级的题目练习中。对于希望进入信息学奥赛领域的年轻老师和未来的教练来说，这是一本深入浅出的编程教科书，大部分全国奥赛 NOIP 普及组中需要的 C++ 知识在书中都覆盖了，而且在书中使用的，全部都是 NOIP 考试系统 NoiLinux。所见即所得的实用特征是这本书的重要特点。

作为一名信息学教育的普及者，我很期待这本书的面世。因为在信息学，或者简单的只是编程教育这个层面，在我国，都存在巨大的教育资源缺口。我所说的，不光是就教育水平稍显落后的省份而言；即便是在北京、上海、浙江、湖南、广东、安徽、福建和江苏这些信息学发达的地区，直到今天，我们也都很难在著名中学之外找到优秀的编程教育的资源。这本书可以让教育资源不够丰富的地区的孩子们通过书籍自学，按照书中的要求自行训练学会编程。它存在的作用和意义，就是在全国范围内普及编码型的编程教育，让看起来枯燥的 C++ 编程能被小学高年级学生和初中生以自学为主学会。

作为一个父亲，我更是盼望这本书的出现。因为我时常审视："到底什么样的书籍、什么样的文字形式，才能够让只有八九岁的孩子们在编程的学习上专注下来，不管有没有老师的陪伴？"我相信，这本书能够平复家长们的焦虑，让大家从"找不到一本真正适合小学高年级学生和中学生的 C++ 编程书"的困惑中摆脱出来。

不管从什么角度来说，我都相信，在家长们还没有拿起这本书的时候，心中已经有了一个或者坚定、或者模糊的概念，那就是：我的孩子，应该学编程。

只是，该如何让孩子们学会真正的编码编程？该如何真正得到在中国的高中课程标准中要求的编程能力？得到这种在高考中已经涉及、未来一定会考、现在已经在美国 AP 课程中浓墨重彩予以考核的能力？

这，是个问题。

这本书，就是答案。

目录
Catalog

目录
Catalog

引子

宁静王国的发电站

古代机器

写文件

电脑

ChapS

for循环

南蛮国
的程序

读文件

宁静王国，一个有着绵延海岸线的美丽国家，以其丰富的电力资源和水产资源著称。

说起水产资源，最著名的可不只是虾蟹三文鱼这些食物，而是能在夜里发出熠熠冷光的夜明珠。

野生的珍珠蚌只出产在宁静王国的领海内，于是，奢侈工艺品的买卖很自然地成了宁静王国的重要产业。同时兴起的，还有旅游业。

我们的故事，就发生在这里。

宁静王国美丽的海岸

如果说宁静王国有什么缺陷，那就是——科技。

在当下的全世界科技排行榜上，宁静王国的名次是非常糟糕的。可是，回想起 30 年前，宁静王国还是一个科技出口国。

到底发生了什么，才让这样一个以科技自傲的强国变成了旅游国家？

一切，都起源于 10 年前的那件事。

那一年，宁静王国风暴湾的潮汐发电站报警了。

这可不是使用矿物油料（比如石油）的发电机，那种东西的构造虽然简单，可石油早已经是最稀缺的资源，根本就没法大规模发电。

真正能够帮助人类的，是风力和海水。

建立海水动能发电站，是整整两代王国科学家的梦想。在数十年中，他们对已经消亡的古代人类文明遗迹进行长时间的研究，在经历了极其艰难的科技复苏后，好不容易才获得了这项了不起的科技：利用海水潮汐的动能来创造电能。这座潮汐发电站，是宁静王国最大的工业设施。

潮汐发电站的建成，是宁静王国一举成为科技强国的重要象征。发电站本身也成为国之重器。

然而，这个发电站，报警了……

报警，就意味着会发生事故；而事故，就意味着故障；故障则代表着发电站的终结！

现在17岁的栀子猫，还记得10年前——她7岁的时候，全国上下的恐慌。

要知道，没有发电站，就没有足够的电。没有电，就没有亮着路灯的光明的街道，也没有因禁用煤气灯而变得不再惧怕火灾袭击的王宫的光明，连学校的电铃都不能响啦！

这么重要的大型发电站，竟然，报警了……

莫不是世界末日要来临了？

朝野上下，都乱套了。

国王陛下震怒，命令宁静王国的最高学府，也是全世界闻名的古代人类文明研究的发源地——宁静王国神学院——最资深的几个长老去研究一下，到底为什么发电站会发生故障。

在对古代人类留下的潮汐发电站的设计文档进行长时间的研究后，长老们得出了一个让人喜忧参半的结论。

忧的是，潮汐发电站中最重要的发电机扇叶在设计的时候，就写明了：随着时间的流逝，扇叶一定会出现损伤。当损伤足够大的时候，潮汐发电站的输出就会被降到一道让人警惕的红线处。

报警也就是由此而来的。

喜的是，古代人类在设计潮汐发电站的时候，已经想好了后备方案：更换发电机的叶片。而宁静王国，是有后备的叶片的。

只是，非常少。

在古代人类的技术文件中，是这么说的：

 潮汐发电站的叶片非常巨大，如果更换一片，要耗费很多时间和金钱，所以不需要出现问题就更换，只需要跟踪计算叶片的耗损。
根据每个安装地点的不同，叶片损伤也会不同。因此，预测发电机的叶片更换的工作，需要配合监控电脑的中控软件。

可是，这里就出现问题了！

因为，宁静王国的发电站，只是宁静王国神学院对古代人类科技的复制品而已……

当年发掘古代人类的潮汐发电站遗址时，是发掘出了一套备用叶片的。宁静王国的工程师们也是通过这套叶片来进行复制的，只是产量极低。如果出现报警就要更换，那可根本跟不上这个节奏！

还有那个什么"种孔软剑"，那是什么？听都没听说过，更不要提什么"剑孔店闹"了！

现在看来，这个文档中所说的"监控电脑"，很有可能是和叶片一起出土的仪器。谁也不知道那是干什么用的，也就没有谁用过那个东西。

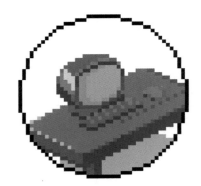

被称作"监控电脑"的古代文明机器

原本这部分在复原的时候就是笔糊涂账，可是这次偏偏就是逃不过去。在古代人类的技术文件里面，这样写道：

 当中控软件监控到功率持续下降时，确切地说，应该是当连续 I 天，每天下降超过原发电量 M 的 0.5%，而且下降的总量超过电力下滑警戒红线 D 所示量的 20% 时，就必须全部更换叶片，否则，发电站可能损坏。处于报警状态的发电站，输出功率会下降到 60%。在此之前，无须更换，也无须惊慌。

可是——

怎么能不惊慌啊？

这个潮汐发电站可不是现在的人类发明的啊！如果说叶片还能仿制的话，那么这个关键的管理系统的设备，也就是叫作中控电脑的东西，可没人会用。就算是全世界有名的古代人类文明科学家——宁静王国神学院的长老们，也完全搞不清楚啊！

如果只是数学的话，是很简单的，随便一个神学院研究古代人类文明的大学生都能说得头头是道：

如果 I 是 4，那么，只要记录这 4 天的供电下降的数字就好了，比如 10,15,6,10；同时，如果原来发电量 M 是 1000，这样，我们就能知道如果每天下降 5，就是等同于每天下降 0.5%；如果我们再知道 D 是 200 的话，200 的 20% 是 40，那么：

$$10+15+6+10=41$$

I 的每个数值都超过了报警线——5，对不对？

而且，I 的总和 41，超过了 40，也就是超过了 D 的 20%，对不对？

那么，这就说明，我们现在已经到了需要更换潮汐发电站的叶片的时候了，直接换叶片就好了。

很简单，对不对？

很容易，是不是？

怎么说，宁静王国也是拥有潮汐发电站的科技强国啊，怎么可能连这点儿事都搞不定呢？

错了。

宁静王国的关键问题，不是数学。

是这台中控电脑。

没人会用中控电脑。

也就没人知道怎么得到 I、M 和 D，更不要说怎么去用这台电脑去计算 I 个数值的和了。

老国王没有别的办法，只能在整个王城范围内大发英雄帖，希望能够找到会使用这个什么"店闹"的人。

英雄帖张贴在王城的石头墙上，日复一日，无人问津，开始变成带着一丝嘲讽的、脆弱的黄色。

半年过去了，英雄帖都快碎了，还是没有任何一个人来揭掉它。

在这期间，潮汐发电站的状况倒是还好，不太看得出来每况愈下，反正隔三岔五都在报警。但宁静王国的新能源管理局却慌了手脚，出台了各种各样的限制国民用电的方案。

不知道什么时候潮汐发电站会崩溃的阴影，就这样笼罩在每个人的心头。

直到，南蛮国的使团到来之日。

南蛮国的大使是第一次来访宁静王国，态度看起来十分谦卑，非常愿意为两国的建交努力，甚至立下了军令状，说如果解决不了宁静王国的潮汐发电站的问题，他就辞去南蛮国的公职，在宁静王国做十年清洁工，专门清扫发电站的厕所。

南蛮国唯一的要求就是借用宁静王国最大教堂的正面当作银幕，用他们的仪器设置一块直播两国友好邦交进程的大屏幕。

宁静王国的老国王对这些花哨的东西一点儿也不感兴趣，但也不反对，所谓愿见其成，就是这个意思了。

谁也没想到，这也是宁静王国的国耻之日。

当时，在教堂外面的空场上，人山人海，上万人坐在那里，准备看南蛮国出洋相。

只见，南蛮国使团中一个军人样子的随行人员，将这台出土之后就没人能弄明白的机器和南蛮国的电缆连接起来，鼓捣了一下之后，这台机器，就亮起来了！

教堂外，人群一片惊呼。

而这个军人，在开启了这台机器之后，干净利落地开启了那个传说中的中控软件，开始噼噼啪啪地在里面写字。

他写的是一种古代文字，如下页图所示。

军官一边写，一边解释他在干什么。

基本上说的，就是这座潮汐发电站的设计寿命非常长，所有的叶片至少能够使用 20 年。之所以发电站会报警，只是因为没有得到来自中控电脑的数据，而并不是因为真的需要更换叶片。现在只要补充这些需要被检查的古代文字到"文件"中，发电站就能够解除报警状态，而转向全力输出电力了。

不光是幼小的栀子猫不知道这个南蛮国的军人在做什么，整个宁静王国都没有一个人明白军官所说的"文件"是个什么玩意儿。

谁也不知道他在做些什么，只见他眼花缭乱地写了那些古代文字之后，翘起小拇指，很浮夸地按下了中控电脑的按键，片刻之间，潮汐发电站的功率就大幅上升了。

栀子猫到现在都忘不掉当时欢呼的人群的喜悦表情。

而老国王可能忘不了的，是那个军官脸上礼貌而轻蔑的微笑，以及南蛮国大使脸上贪婪的表情。

老国王虽然糊涂，但终究是个睿智的长者。他非常清楚，这种南蛮国掌握的科技，这种他们不知从什么时候悄悄掌握的、被称作"写程序"的能力，是宁静王国完全没有能力复制的。

被莫名的古代人类文明撑起来的宁静王国，现在是骑虎难下了。

```cpp
#include <iostream>
#include <fstream>

int a[1000];

using namespace std;

int main () {
    int n, m, d;
    int limM ;
    int limD ;
    int total = 0;

    ifstream in ("powerPlant.in");
    ofstream out ("powerPlant.out");

    in >> m >> d >>n;

    limM = (int) ((double) m * 0.005);
    cout <<"lim="<<limM <<endl;

    for (int i= 0; i<n; i++) {
        in >> a[i];
        if (a[i] <= limM ) {
            cout <<"Change? ->NO"<<endl;
            out <<"Change? ->NO"<<endl;
            return 0;
        }
        total += a[i];
    }

    cout <<"total="<<total<<endl;

    limD = (int) ((double) d * 0.2);
    cout <<"limD="<<limD <<endl;

    if (total <= limD ) {
        cout <<"Change? ->NO"<<endl;
        out <<"Change? ->NO"<<endl;
        return 0;
    }

    cout <<"Change? ->YES"<<endl;
    out <<"Change? ->YES"<<endl;

    in.close();
    out.close();

    return 0;
}
```

南蛮国军官写下了这些看起来工工整整的文字

这一次，南蛮国的使团和宁静王国签了超过 10 亿铢的商业协议。内容，就是对宁静王国发掘的所有古代文明科技的修复工作。

10 亿铢，是宁静王国国库积蓄的三分之一。

宁静王国这么多年的积蓄，就这样被南蛮国掠夺走了。

　　但是，如果不签订这个商业协议，宁静王国所有使用古代人类科技的设施都有可能崩溃。曾经是世界科技中心的宁静王国，这次被打倒在地上，连牙齿都不知道滚落到何处去了。

　　从此，老国王被忧愁缠身，没过多久就染了重病，驾鹤西去了，留下还不到两岁的小公主。

　　而这种南蛮国强行带给宁静王国的技术，也被称为国耻、邪术，被摄政的神学院长老团封印起来。

　　任何人都不许提及。

　　至于对这种科技的研发？那更是痴心妄想。

　　这样的闭关锁国，一直等到宁静王国的女王——之前的小公主数年后即位，才开始改变。

　　但，那是好几年之前的事情了。

　　而我们的故事，则跟随着刚刚就任王宫科技侍卫长的栀子猫，悄悄展开了。

第零章

古代文明、操作系统和密码簿

宁静王国的栀子猫最近有点发愁。这个以栀子花命名的女孩子，竟然发愁了。倒不是别人念不对"知子"的发音让她不开心，而是工作上出了一点小麻烦。

身为女王陛下亲自任命的科技侍卫长，栀子猫是宁静王国最优秀的人才，如果她都发愁，那其实是大麻烦。

从小对古代文明就极为痴迷，研习了多种古代文明方言的栀子猫，15岁就从先贤祠的神学院毕业，被内阁直接选入宫廷中辅佐女王，现在又被任命为科技侍卫长。这个被人仰望着成长起来的女孩子，这位才华出众的最年轻的侍卫长，对于最近刚刚接到的任务，感到一筹莫展。

要说这项任务，听起来是非常简单的，如果要转述一下卡婕丽特女王陛下的原话，那就是，"要'反工程'来访的南蛮国使臣提供的古代文明机器"，意思是解开古代文明机器的秘密。

咦？你们不知道南蛮国吗？

他们以前就是一个居住在沙漠中的游牧民族，别说科技，连最普通的农业都很成问题，没什么特殊的技能，就是特别会挖洞。

科学界有一句很刻薄的挖苦话，说南蛮国把所有科技树的天赋属性都点到考古上了。

南蛮国的黑历史：沙漠中的盗墓型文明

挖呀挖，挖呀挖。

所有挖出来的遗迹物品，都被贩卖到世界各地。突然有一天，挖着挖着，就挖出来大型古代遗迹了。

要说这个被挖掘出来的古代文明，可不是第一次被发现了。这些古代人可真是厉害，他们有能在钢条上奔跑的罐头车，有能在天上飞行的铁鸟，甚至能用喷火的龙带着猴子啊、蜥蜴啊、花花草草啊飞上月亮……当然这些都是古代人书籍里面描述的情景。

原本大家是不相信这些神话一样的记载的，但古代人的书籍中用好多种不同的文字记载了这些事情。同时，在那些残破的书籍中不光有文字，还有图片！

南蛮国的考古军队就曾经挖出来过罐头车、铁鸟甚至大型的海船。只是，没有什么古代文明的设备出土后是能够使用的。

除了那一次。

当时，南蛮国挖掘出数量众多的古代机器。

那是一种带有镜子的，相当古怪的机器。

这种古代文明机器，看起来和一个方盒子一样。考古学家们把这些古代机器称作"盒子古代机"。

如果盒子古代机只是属于已经消失的文明的、和铁罐子车一样的另一件工艺品文物的话，那么，这台机器除了在人文历史上的贡献，对国家科技的发展没有半点用处。但令人完全无法想象的奇妙事情发生了：人类发现，这些盒子古代机，是可以使用电能的！

说起电能，那是宁静王国从古代文明中复原的科技。虽然现在的宁静王国乏善可陈，只有"宁静"二字还能够吸引外国的游客，但想当年，宁静王国输出电能的时代，那真是整个国家的骄傲。凭借着无与伦比的科技实力，宁静王国在全世界的瞩目下向人类宣告：宁静王国的神学院复原了古代文明科技中的蓄电池科技，从此，人类不再需要大型发电站就可以拥有夜晚的灯光！

看看那些过往的荣耀，还真会让人有点感慨。

而这件盒子古代机的发现，是比电能的发现重要一百倍的科技契机。

因为连接上电能后，这种古代机器里面，显示了各种各样的古代科技。虽然出土的这种古代机器中，真正保存完好、可以继续使用的特别稀少。

全世界的富豪们都躁动起来，每出土一台盒子古代机，都会立刻被高价买走收藏。因此，除了南蛮国之外的国立研究机构，很少人能有接触到古代文明机器的机会。

宁静王国是个例外：拥有电能最大产出设备的宁静王国的科技中心——先贤祠神学院，从来不屑于研究这些叫什么古代机器的东西。

所剩无几的机器被各国的研究机构抢走，被夜以继日地研究。人们尝试去了解这些古代机器中蕴藏的，来自已经消失的古代文明的海量宝藏。

但他们都失败了。

谁拥有古代机器的矿山，谁就有可能拥有改变整个世界的科技。

南蛮国有，他们悄悄地研究了几十年。

直到 10 年前，他们用古代机器的技术把宁静王国的国库储备劫走了三分之一。

所以，现在看看女王的要求——"反工程"古代机器中蕴藏的秘密，可真的是比登天还难了。

反观南蛮国，简直就是运势逆天：仗着自己最近找到了保存极为完整的古代文明遗迹，从里面出土了大量可使用的古代机器以及使用说明书，整个国家的科技水平都开始腾飞。

在颠覆了宁静王国的科技主导地位后，南蛮国同所有的周边国家开始了掠夺型外交：用科技来换取一切南蛮国现在需要的以及将来可能会需要的资源。

这不，南蛮国派出了使臣团，来向卡婕丽特女王陛下兜售古代文明遗迹的廉价复制品了。

这些复制品完全不如古代文明机器酷炫，却能够进行一些很厉害的数学计算。

根据神学院的估算，数学在宁静王国未来的十年是至关重要的。白皮书里写道：

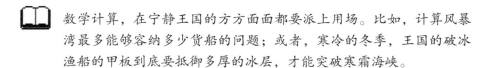

> 数学计算，在宁静王国的方方面面都要派上用场。比如，计算风暴湾最多能够容纳多少货船的问题；或者，寒冷的冬季，王国的破冰渔船的甲板到底要抵御多厚的冰层，才能突破寒霜海峡。

这些如果用笔和纸算，可太慢了。用南蛮国的复制品来做这些事情，还是可以的。

就是很容易坏掉。

如果南蛮国只是兜售这些破烂就算了，关键是他们的态度十分嚣张！使团声称，如果想要进口科技，也就是说，让南蛮国派出科技专家给宁静王国带来遗迹文明中的知识，那就必须一次性购买南蛮国的五千吨电子垃圾。

这可是五千吨的破收音机、废风扇、满身是刺的电路板，以及一不小心就一地玻璃碴子的废电子管啊！

平摊到原野中，要有三个王国市场这么大！

这还不是最糟的，关键是，这些垃圾每吨要好多钱啊！！

也难怪栀子猫的直属上司卡婕丽特女王陛下要发脾气。根据史官记载，女王这次的怒火，几乎要把先贤祠中的历代先王都惊醒了。

女王最关注的，就是宁静王国的绿水青山。她完全不想进口这些电子垃圾。不管南蛮国的使节说得多么天花乱坠：什么可以提炼稀有金属啊，什么可以促进就业啊……这些就是鬼话，都是鬼话。

但是，女王知道本国的建设需要依靠南蛮国发掘出来的遗迹文明；宁静王国在国家防御上，也需要这些遗迹文明中的计算装置的辅助。

所以，女王勉强同意考虑。

宁静王国内阁中改革派的建议很直接：先买上一两台真正的古代文明机器，尽可能破解他们的科技。

本以为南蛮国会拒绝，没想到他们却很痛快，高价卖了几台机器和来自古代的使用说明书给宁静王国。

南蛮国的人，还沉浸在10年前逆袭宁静王国的快乐中：当时那个控制潮汐发电站的行动，简直做得太漂亮，把宁静王国从上到下都镇住了，从此整整十年没人敢进行科技研究。

殊不知，当时南蛮国是举全国之力才弄明白潮汐发电站的运行机理的。那些用古代语言写成的叫作"程序"的东西，根本就是用上亿铢的研究经费堆出来的，不是什么能够在直播的时候写出来的东西。

有这样辉煌的过去，南蛮国的人觉得，就算是拿到这些机器和说明书，宁静王国也没法弄明白里面都是干什么的。

宁静王国的贵族阶层一定会再次意识到：自己的国家，在科技上，已经被后起的南蛮国完全压制了，那就放弃研究，直接购买南蛮国的复制产品就好了。

南蛮国的算盘打得蛮好的。

卡婕丽特女王陛下没来由地，从自己一岁多的时候，就莫名其妙地受制于人，一直到今天，当然不开心。

女王陛下发布的紧急任务，就是让科技侍卫长栀子猫，去聚集王国中最有名望的白胡子学究老爷爷们，来研究南蛮国使臣带来的古代机器。

学究老爷爷们正在审视这台古代文明的机器

这些老爷爷们在栀子猫的工作间里面，待了整整一个下午。

乒乒乓乓折腾了很久。

最后，老爷爷们都沉默着离开了栀子猫的工作间，脸色铁青。

栀子猫发现，他们根本一点儿都不像是懂的样子，在古代机器前面，他们和困在笼子里的野兽一样，走了上千个圈圈。

终于，有人搞明白了应该如何启动古代机器。在那一直沉默的南蛮国古代机器被点亮的时刻，这些白胡子老爷爷们惊恐地往后退着，颤声说着什么。

栀子猫仔细听，才听出来尖叫和哀鸣中的话语：

🔊 妖孽啊，妖孽！这可是妖孽的镜子？竟有如此诡异古怪的绿光闪现……

女王陛下这是要抛弃祖宗基业，去追寻妖道吗？……老朽夜观星相，深感不安啊，深感不安……祖宗社稷，势如累卵，势如累卵啊……

老爷爷的结论是：不准研究

没办法，栀子猫只好自己研究。

说起来，这个从南蛮国发现的遗址中出土的古代机器，真的如同传说中的一样，就像一个方盒子。

虽然亮起来的时候有点让人意外，但是身为修复了古代人类文明中的重要环节——蓄电池的宁静王国长老，怎么看着这样的发光屏幕就感到惊慌呢？

栀子猫完全无法理解。

栀子猫在地下室仔细研究古代机器

这台机器点亮了之后，出现一个不断闪现古代字符的界面，上面好像写着：VMware Workstation。

VMware Workstation 是什么？

古代机器打开后，屏幕的样子

刚刚被吓跑的老爷爷们就是在这里惊慌失措的。但这些小事情，怎能让堂堂的科技侍卫长后退呢？

这可不是老国王的时代了！

在装古代机器的箱子里，还有一本厚厚的说明书，是跟着这台古代机器一起被南蛮国卖过来的。

里面写着一段话：

📖 VMware，是一个在 Windows 系统中运行的软件。它的功能，就是在 Windows 中，承载一个不同的系统，比如 Linux 系统。

下面还有一句话：

📖 Linux 系统，是大学的计算机科学系，也就是 Computer Science 科系教学系统中，要求必须熟练掌握的操作系统。不过大部分普通人一辈子可能都不需要学习如何使用 Linux。

屏幕上出现了古代文字里的英文和中文

栀子猫对于这些古代文字早有准备，也早做了研究。

宁静王国的情报部队也不是吃干饭的，他们从南蛮国弄来了一些内部资料。

这些绝密情报显示，Windows 和 Linux 这两个词，代表的似乎是古代机器上使用的控制框架。

所以，栀子猫虽然不知道 noilinux 中的 noi 是什么意思，但是知道框框中的文字的意思，是密码。

只是，密码，是什么呢？

看着奇怪的黑白双色的动物，栀子猫有点踌躇："难道，这就是传说中的熊猫吗？"

栀子猫尝试着敲下了"panda"。

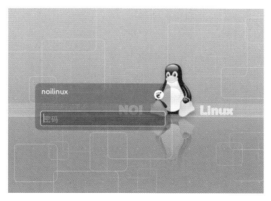

密码好像错了呢

 好像不对哎！

只是，这种小小的困难，难不住我们勇敢的栀子猫！

 看我的厉害！

10 分钟之后……

栀子猫从键盘下面看到了这个古代系统的说明便签，写着"密码：123456"。

 什么奇怪的密码……好吧，总是好过了"石头剪刀布"。

栀子猫默默地敲下了在键盘上连在一起的这六个键。

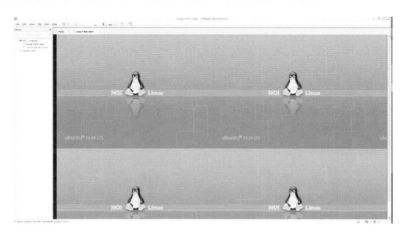

屏幕上的字变得好小啊

 哎？好啦！！

只是，怎么画面这么窄呢？

 哦？这个按键看着好像有点意思呢！

这个按键是干什么用的？

栀子猫决定试一下。

哇，原来是能让屏幕展开的神奇按键呢

 太棒啦！！现在终于进入古代机器的主界面啦～

 只是，中间这个动物，是什么？

 穿着雨衣的熊猫吗？

 『课后小练习』

0- 学会开机，打开 Windows。

1- 学会开机之后，找到 VMware 这个软件，并且打开。

2- 请注意，VMware 软件只能打开一次，多个副本可能导致虚拟机工作的不正常。

3— VMware 承载信息学奥赛的考试系统"NoiLinux 系统"，家长们要了解重新安装的方法。

『下一课的预习』

0— VMware 是一个很娇气的软件，弄不好就会崩溃。对于 VMware 的使用注意事项，在下一课的学习中会详细解释，家长们和同学们要做到烂熟于胸。一定要避免不好的使用习惯。

第一章

便携型机器 + VMware，然后死机啦！

奥赛需要
Linux

系统关机

Linux
需要
VMware

Chap1

VMware
关机

VMware
使用

VMware
崩溃

话说，被古代机器打开时的绿色光芒吓得惊慌失措的白胡子老爷爷们，临走的时候用封条封住了这台机器。

拆下来的时候，栀子猫还真是费了不少力气。

临走的时候，老爷爷们还在墙壁上留下了一件古代文物，用于牢牢镇住下面那个被称为"妖孽的镜子"的古代机器。

这是一件窄长条形、用紧致硬植物纤维制作的物件，上面密密麻麻地刻了很多古代文明的字。

古代机器被贴了封条

描述古代文明的典籍称这种材质为竹子。关于这件竹子文物来历的研究，有两种完全不同的理论。

其一，是以白胡子老爷爷们为代表的一派理论。他们认为，这是在古代文明东方一支里用来镇压妖魔的竹剑，功效相当于斩妖的桃木剑。

于是，这件文物就被钉在了墙上，充当了封印魔物的咒符角色。大概是因为白胡子老爷爷们来审查古代机器的时候早已心存不安，于是随身带了这件护身符辟邪。

还真就用上了。

其二，则是栀子猫的研究理论。她认为，这是一件惩戒工具，在古代文明中用来震慑不努力的学生，从古籍中看，应该叫作"戒尺"。

至于老爷爷们是不是因为慑于古代文明机器中的能量才留下这件文物，栀子猫并没想这么多。吸引她的，是上面所刻的信息。

这把戒尺上写的是："岳麓书院学规"。

根据古籍，这应该是古代人类文明——东方文明中一个相当有名的学校的校训。对于栀子猫来说，这把戒尺不只是一件文物，更是一枚刻满了古代文明精神内核之精髓的宝物。

戒尺上刻的文字，栀子猫差不多都能看懂。其中有一句是这样写的："读书必须过笔"。

这句话，栀子猫觉得非常正确。

成功一次，是运气；每一次都成功，是能力。

把运气转化成能力，就要不断地练习。

把刚刚的操作写在纸上，这，就是一种练习。

栀子猫觉得，古代文明古籍中的文字总是蕴含着一些深刻的道理。

夜深人静，经过这么几个小时的尝试，年轻的侍卫长已经相当疲倦了，可她还是把自己的本子拿出来，在上面写下了每一个步骤。

尤其是密码！

每次都要拿起键盘，转过来，看看下面藏的密码是什么，真是太不方便啦！

写好了笔记之后，栀子猫沉沉睡去。

学习掌握古代机器，最开始有点难呢

宁静王国的首都，宁静地迎来了第二天初升的太阳。

 叮咚叮咚！

栀子猫像猫猫一样跳起来！

是谁？这么早就来按我的门铃？

门外一个女孩子的声音透过门铃传过来。

 女王陛下有重要的古代机器需要送达！

原来是熟识的女孩子侍卫们。难怪她们认得自己的家了。

唉？等一下，是女王陛下的近身侍卫？

栀子猫刚反应过来：是女王陛下送过来的？只是，这里不是已经有了一台"古代机器"了吗？

这次又是什么样的机器？

栀子猫打开门，几个女孩子侍卫抬着个箱子一窝蜂地涌进来，打开箱子，取出一台设备，放下，又一窝蜂地跑了。

女王的女孩子侍卫们送来了一个箱子

本想留她们坐下来喝杯茶，可按照她们的话说，担心女王在王宫中没人说话，闷得慌。

听着这些姑娘们叮叮咣咣地跑下楼，栀子猫摇了摇头，想起自己第一次见到卡婕丽特女王时的情景。

…………

那是三年前，自己刚刚从神学院毕业，和同一批的其他毕业生一起被刚刚即位的女王陛下召见。

原本神学院的毕业生被国王召见，都是很程序化的过程。但这次不同：摄政的神学院太阁刚刚宣布，要还权于王。

而王储，是已经去世的国王最年幼的女儿。

朝野上下一片反对之声，只有年迈的王后坚持要只有 7 岁多的卡婕丽特公主即位。

据称这是国王的遗旨。

当栀子猫见到卡婕丽特公主的时候，她就明白了。

那是一双怎样的清澈的眼！

从水晶一样的目光中透出的，全部是智慧。

栀子猫在那个时刻，明白了已经去世的国王的意图：卡婕丽特公主完全超越成人的智力，就是宁静王国的未来。

从那时候开始，栀子猫就成了女王陛下最忠诚的属下。

············

打开箱子，躺在里面的这台设备看起来和昨天的古代机器有点类似，但又完全不一样。

屏幕很薄，轻轻一抬就能够展开，不同于上一台古代机器。上一台的屏幕是单独的一个大仪器，光它一个就重得和石头一样；这台机器的键盘则是和屏幕连在一起的，每次按一个键，还能发出莹莹的光。

这要是被研究古代文字的老爷爷们看到了，一定又要惊呼："奇技妖光，奇技妖光！亡国之兆啊，亡国之兆……"

栀子猫可不管那些，她已经跟这些老爷爷们学会了古代文字，现在他们叫唤什么，也都影响不到自己。

咦？这次是轻薄的新型古代机器

她研究了一下这台新型的古代机器：入手十分轻便，在键盘的上端还有一个按钮，轻轻一按，屏幕就能亮起来。

这很有可能是一台升级版的便携型的古代机器了。

新的这一台看起来像能够打开的本子一样，那这台便携型的古代机器，就称作笔记本好了。

另一台则一定要放在桌子上。在台子上才能够运行的笨重古代机器，就简称为台式机吧。

打开笔记本，和之前笨重的台式机一样，出现的都是相同的界面。

VMware 的界面上有很多按钮，不要慌张，找绿色的

点击一下这个图片上的绿色箭头，应该就能顺利运行 VMware 了。
和之前一样，屏幕上出现了另一种古代文字，它们不断地刷新。

静静等待。乱按的话，可能会坏掉哦

总之，静静等待这些文字显示结束，就又到了用密码登录的界面。

 密码是什么来着？

 对了，123456。

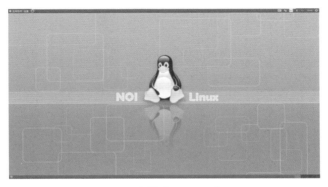

VMware 中的密码不要忘记了

好啦好啦，又进来啦！这次要好好研究一下了。

 叮咚叮咚叮咚！

 这又是怎么啦？

栀子猫按下了门上的对讲机。

 侍卫长！不好啦！！卡婕丽特女王陛下不小心掉到行宫"伦敦坞"旁边的水沟里啦！

 唉……

栀子猫深深叹了口气。虽说是智商情商超人，可这个女王陛下毕竟只有 10 岁，真是一分钟都不能离开人。

也真是难为了这位小小的女王陛下，在这个本该玩耍的年纪，却要为国家操劳。

栀子猫顺手合上了笔记本的盖子，抓起一件外套，冲出了房门。

这台便携式古代机器，就这么静静地躺在栀子猫的家里，没有冒烟，也没有爆炸。

只是，等晚上栀子猫回来，重新点亮古代机器——笔记本的时候，却发现打不开了。

```
Recovery

Your PC/Device needs to be repaired

The Boot Configuration Data file doesn't contain valid information for an operating system.

File: \Boot\BCD
Error code: 0xc0000098

You'll need to use recovery tools. If you don't have any installation media (like a disc or USB
device), contact your PC administrator or PC/Device manufacturer.
```

怎么？机器坏掉啦？

 这是怎么搞的啊？！明明早上就只是轻轻合上这台机器而已啊！！

翻出厚厚的古代机器——笔记本的文献，在不太显眼的地方，栀子猫看到这么一句话：

如果没有结束客户机的运行，就直接关闭了机器，那么，有可能会造成系统崩溃。如果系统崩溃，请按照下列步骤恢复……

栀子猫现在有点后悔，没想到自己随手这么合上屏幕，机器就出了故障。

看来，来自古代文明的机器，稳定性真是不高。

『课后小练习』

0– 学会等待 VMware 中虚拟机的开机过程。

1– 学会虚拟机开机之后，用全屏键将虚拟机变成全屏大小。

要尽快学会 VMware 的使用方法，才能开始学习写程序哦

2– 学会虚拟机的关机过程：每一次关机的时候，都要先把虚拟机的客户端关闭运行，不然下次就有较大可能导致系统崩溃。

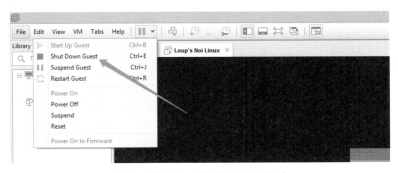

关机一定要小心选择棕色的方块

3– 要学会关闭电脑的正确顺序，先按 Windows 键，然后在屏幕的右上角选择"关机"（Shut down）来关闭。

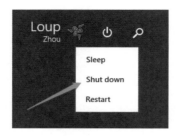

关机器的时候，要按照正确的步骤操作

4– 请小朋友们记住下面的步骤：先关闭 VMware 中正在运行的 Linux 虚拟机，等待关机结束；到了 VMware 的主界面，再关掉 VMware，按 Windows 键，关闭电脑，结束。可以去玩了！

5– 如果不按照 4 所示的步骤，很有可能出现机器崩溃的情况，请小朋友和家长们不要尝试。

『 下一课的预习 』

0– VMware 是个虚拟机的软件，很重要。但比起这个来，更加重要的，是在这个软件中承载的系统：NoiLinux。这是全国青少年信息学奥赛的考试系统。如果不会这个系统的操作，那么很有可能在比赛中爆零（突如其来地得到零分）。爆零的情况是有可能在自己完全会写程序的情况下发生的。如果不想爆零，就一定要好好学习 Linux 怎么使用。

1– 下节课将教给大家，如何在 Linux 中进行最基本的终端操作。

来自古代文明的礼物：路坡的挑战

解决了女王陛下掉进行宫"伦敦坞"水沟的突发事件后，栀子猫终于可以坐下来好好研究这个被称为 Linux 的系统了。可是，早上送来的古代机器——笔记本已经发生故障了。

没办法，栀子猫只能跑到地下室，重新打开最开始那台古代机器——台式盒子机器。

随着盒子古代机的绿光闪现，系统启动了。

栀子猫打开了随着笔记本一起送来的南蛮国研究手册—— 一部超级厚的大部头，开始对笔记本系统进行恢复。

栀子猫一边恢复笔记本中的系统，一边在台式机上研究

Linux（璃呐克斯）系统，按照古代文献的注释，名字来源于它的发明者 Linus（璃呐斯）。不要小看这么一个字母的差别，在古代语言中，特别是在被称作"英语"的这种语言中的读音，可是有不小的差别。

根据记载，Linux 是一个被科技人员广泛支持和使用的古代机器系统，在古代文明中被称作"操作系统"。和同一时期的 Windows 操作系统不同，Linux 操作系统面对的并非大众化的用户，它的使用者更多的是被称为开发者的人群。

栀子猫合上随笔记本一起送来的南蛮国研究手册。这一次，栀子猫合上的可不是笔记本，而是笔记本的研究手册。那台之前随手合上的古代机器——笔记本，已经坏了。

在盒子古代机中反复训练后的栀子猫，终于完全清楚了该如何使用 VMware。现在，栀子猫是真心了解这件事情的重要程度了。她在笔记本上记下：

1- 不可以直接关机，要先关虚拟机 VMware。

2- 关机的时候，要选择关闭机器，否则 VMware 的运行可能会不正常。

3- 最最重要的事情：随便合上带着 VMware 和 Linux 虚拟机的笔记本是不行的！因为那样很容易把古代机器弄坏……

折腾了 3 个小时，在恢复系统、恢复 VMware 和恢复 Linux 的虚拟机之后，栀子猫终于再一次进入 Linux 的密码界面。

这一次，说什么也不让任何人打扰我了！

栀子猫一边说，一边重重按下回车键。

咦？你问回车键是什么样子的？

就是古代机器的键盘上，靠右手边写着 "Enter" 的这个键。

就是老学究们研究的古代文字中提及的，那个代表输入、被翻译成"回车键"的按键了。

随着栀子猫重重按下回车键时发出的清脆的"咔嗒"声，整个屏幕黑了……

哎呀？怎么黑了啊？

栀子猫怎么说也是女王陛下的首席科技侍卫长，不管是不是古代科技，她都是相信科技的。虽然屏幕黑了，但她一点也没着急，而是安静地看着屏幕。

屏幕上出现了一个窗口。

在终端中出现了字

栀子猫知道上面写的是什么。那是古代人类文明中，西方文明的文字——英文。它写的是：

▷ 您好，我的朋友。

栀子猫犹豫了一下，想按什么键，可又不知道该按什么，就在犹豫的时候……

下一行出来了！

```
Greeting, my friend.
I am Loup the elder of Chu Empire's Academy.
```

又一行字出现在终端中

 这是？
楚帝国研究院的长老路坡？！
那是什么？

 难道是古代文明留下的书信吗？
这是很宝贵的资料啊！

栀子猫赶紧翻开南蛮国古代机器的资料，从头到尾翻了个遍，也没有发现关于长老路坡的任何记载。

 这会不会和自己不小心弄坏了系统有关系啊？

机器自己继续在说话：

```
Greeting, my friend.
I am Loup the elder of Chu Empire's Academy.
If you are watching this, then you must be the chosen one.
```

没有人按键盘，终端却一行接一行显示出文字

▷ 如果你在看这段文字，那么毫无疑问，你就是科技之子。

栀子猫觉得有点麻烦。上次，女王陛下也是这么忽悠自己的：

🔊 想象一下，栀子猫，如果你接受了这项挑战，那你就是我们宁静王国的科技之子，哦不不，应该是科技栀子才对啊！哦哈哈哈哈哈哈！

像个小女孩一样，不，本身就是个小女孩的女王陛下，自己笑得东倒西歪。

一个科技栀子猫不够，这次，又来了一个"科技之子"，还是来自古代文明的……

```
Greeting, my friend.
I am Loup the elder of Chu Empire's Academy.
If you are watching this, then you must be the chosen one.
Accept my challenge, you shall become one of us.
Fiat Lux
```

Fiat Lux?

 接受了我的挑战，你就会成为我们中的一员。

随着栀子猫的沉思，屏幕上的文字滚动了一会儿，也停了下来。

随后，还有一行相当不常见、相当难懂的古代文字——被称作"古文之王"的拉丁文：

 Fiat Lux

翻译过来，就是：要有光。

 要有光，我们就必须给予光。

栀子猫把这句古代的拉丁文翻译了一下。

 要有光……吗？

栀子猫修长的手指，轻轻敲击着古代机器——笔记本的边缘。

 我们就必须给予光…… 给予光？这个意思，莫不是将古代文明的核心科技传授给我们么？

随着古代机器——笔记本屏幕上光标的闪动，留在屏幕上的两个选择——Yes 和 No，似乎被无限放大了。

```
Greeting, my friend.
I am Loup the elder of Chu Empire's Academy.
If you are watching this, then you must be the chosen one.
Accept my challenge, you shall become one of us.
Fiat Lux
Accept?
(Y)es/(N)o
```

绿色的图标，在闪动呢！

栀子猫的心中，如同宁静王国外海上汹涌的巨浪一样。

想着女王陛下期许的眼神，想着南蛮国使者蛮横的样子，想着王国用于换取这两件古代机器的整整两宝箱夜明珠……

栀子猫下定了决心。

 老学究们说过一句古话：不入虎穴，焉得虎子？

栀子猫坚决地输入了"Y"。

Yes…

就在此时，两台古代机器同时发出了漂亮的绿光；一起发出的，还有嗡嗡嘤嘤的声响。这团绿光逐渐弥漫到整个房间里。

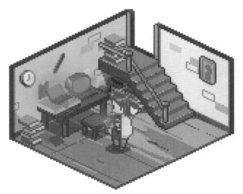

两台机器和栀子猫的手腕都闪耀着绿光

等栀子猫回过神来的时候，桌子上已经多了一个护腕一样的设备。

桌子上的仪器

而在笔记本的屏幕上，不知什么时候，写了下面的话：

接受我们挑战的人类，将在科技之光中，接受祝福和馈赠。

栀子猫盯着桌子上的仪器，有点晕。

 这……是块手表吗？不能够吧？我们宁静王国的工匠，都能制造出比这块手表精巧 100 倍的机械怀表。这么大个儿的手表，怎么能是来自古代的馈赠呢？

栀子猫有点糊涂了。还没等栀子猫回过神来，这块"手表"就自动亮起来了，里面一个有点低沉的男声响起：

 很高兴认识你，科技之子。
我是个教学型人工智能（AI），通常被称作"魂狩 -017"，代号是：ST-017。
我的任务，是让被命运选中的科技之子学会我们文明中的核心技术：编写程序。

 咦？这块手表竟然可以说话？！

它说的是什么？"人贡"？
"人贡"是什么东西啊？最近没有附近附属国来进贡啊？

 那么，你的代号是什么？科技之子？

我吗？

栀子猫被这块"手表"问住了，"他"不但会说话，还会和人对话！

我叫栀子猫。

虽然回答了问题，可还是感觉怪怪的呢！
总觉得什么地方不太对。

 栀子猫？你是说，Gardenia Cat？

什么 Gardenia Cat 啊？怎么可以直译名字啊！

栀子猫忽然发现自己在和一块"手表"发脾气，不觉笑了。

 这大概，和古代人类所发明的电子游戏很像吧？根据回答来猜你的性格的那种傻傻的游戏？嗯，一定是的！

"尽日不归处，一亭栀子香"，好美的名字。

He-llo……你还没有回答我的问题呢。

哎？这个东西真的可以对话啊！

人类就是这样，永远不相信科技的力量。

是的，我可以和你聊天，而且，我不是东西。我是人工智能，Gardenia Cat。

啊，都说了不是 Gardenia Cat 了……如果你问的是古代语言中的英语名字的话，我在古代文明研究院的名字叫作 Vicky。

好的，我明白了。

Vicky，你已经接受了长老路坡的挑战，那么，我，魂狩 ST-017，就要把我们的知识，也就是你们称作"古代人类文明"的核心，传授给你。

首先第一件事就是，先要搞清楚学习这种知识的语言。

按照我程序的分析，你们种族所使用的语言，和我们所在的古代文明所使用的语言很相似。你们的语言，是古代文明东方语言的一个后续分支，也可以称为中文的后续版本。

关于我们的语言，和古代文明中的东方语言——中文——相似的事情，是宁静王国神学院研究了上百年的机密，你又是怎么知道的？

嗯，这个不用去看你们的机密也能猜得到，分析一下你们的语言构词规范就好了。

关于其他的事情，你暂时听不懂也没有关系。你现在不明白我说的细节，后面我会慢慢解释。

首先第一点，要记住的，就是在写程序的时候，不可以使用你们的语言，也不可以使用中文；唯一可以使用的，就是英文。

那为什么啊？

再说了，我为什么要相信你啊？

不相信我么？那好，我就来描述一下你们这种语言的特点。

你们这种语言，是由大量的象形文字组成的。每一个象形文字都能代表一种事物，不管是具体事物还是抽象事物。

这种语言可以将科技描述得很清晰，但是很遗憾，很难直接用于科技之中。

比如，让你们宁静王国蒙受巨大损失的编程语言，就不是用中文写成的。

原因也很简单，就是：你们的文字数量太多，很难达到编程语言的纯粹可组合型文本的要求。

 咦？你又怎么会知道这件事儿？

哼哼，我知道的事儿可多了呢！

这块"手表"似乎知道栀子猫心里想的是什么。

的确，他说的是事实。10年前，那个南蛮国的军官所使用的语言，就是种可以用 26 个字母组合的语言，那是在已经消失的古代人类文明中，很常用的语言：英语。

 你说的有道理，好的，我记住了。

栀子猫心想，研究古代文明，左右都是要使用古代语言，至于是要用古代文字——中文，还是要用古代文字——英文，其实都没有差别，都是古代语言，用哪种都行。

只要不是用拉丁文就可以。

简单的介绍，就这样结束了。现在，我们得为开始学写程序做准备工作了。

魂狩几乎没有感情的语言，听起来却有点笑意。

首先，要给你介绍一下，学习编写程序的重中之重的基础知识。那，就是——

打字！

啊？打字？栀子猫看了看自己放在墙角的古代文明的打字机器。那台不需要任何电力就可以驱动的机器，也是女王陛下从南蛮国淘来的破烂，拿过来叫她研究古代文字——英文的。

用起来噼里啪啦地响，有时候按键按多了，还会卡在一起，一点都不方便。

怎么也想不出这个和学习古代文明的核心科技有什么关系。

女王发给栀子猫研究的设备——打字机

 所以说，这个"打字"，到底是什么东西？

 不不，这个打字的能力并不是东西。

 这是决定你能不能顺利学会我们的文明——也就是你们常说的古代人类文明的核心科技——的关键技能。

后面一个小时，魂狩 ST-017 都在详细地和栀子猫解释：手应该如何放置，才能够最轻松地打字。

ST-017 说，打字的指法非常重要。首先，不管是什么样的键盘，只要是键盘，就有两个非常特殊的键，那就是 F 和 J。

栀子猫仔细检查了一下，的确，不管是古代机器——台式机的键盘，还是古代机器——笔记本自带的键盘，上面这两个键都有微微凸起的两个小横杠，就是为了提醒大家：这里，是放食指的地方。

左手食指对应的，是 F 键；右手食指对应的，是 J 键。

那么，左手按顺序排下来的手指所覆盖的键位，就是 ASDF；右手，则是 JKL 和分号。

平时我们的双手，就应该放在中间这一行上。

想起南蛮国的研究员们在深入研究古代文明之前，都经历过这个阶段，栀子猫就稍微开心了一点。

因为这实在是太难了啊！

 真是有点复杂啊！还好，我们和古代文明的人类都一样，是 10 个手指头，如果我们有 12 个手指头，那就排不开了……

 总之，手指放在中间的这一排，如果找不到自己的正确键位了，那就去找 F 和 J。

说是这么说，可真正操作起来的时候，总是一下子就找不到 F 和 J 了。

 没有关系，很多人类都是这样的。和我们人工智能——AI 小时候
需要训练做决定的能力一样，你们人类也是需要训练的，要训练的
地方就是你的小脑。

做一次做不对的，你们可以做 100 次。100 次做不对的，你们可以
做 1000 次。

只要知道什么是对的、什么是错的，你们总是可以将这些键位变成
肌肉记忆，那就再也忘不了了。

 肌肉……记忆?

 …………

魂狩的界面上，划过了一道平淡的信号，似乎对这种傻乎乎的问题，
连回答都不想回答。

栀子猫毕竟刚刚接触这些古代语言，对于那些看起来散乱分布的按键
更是一头雾水，不能理解。但是，随着一遍又一遍的练习，她敲击的速度
开始变快了。

 嗯,这么说来,QWER 四个键,我只要把左手往上移一下就好了嘛!

 而且看来,Space 键,也就是说明书上说的空格键,是要用左手或
者右手的大拇指来按的呀!

上下移动的话,看来两只手可以同时控制最少 30 个键,那么这个
速度,还是可以保证的……

这可真是太棒了!

夜深了，从栀子猫的公寓中传出的噼噼啪啪按键声，正是她所挑战的
古代文明奏鸣曲的前奏。

『课后小练习』

0- 小朋友们，栀子猫激活了长老路坡的挑战，这个故事你们在家不要
尝试，因为你们的机器并不是来自南蛮国的古代机器。

1– 魂狩 ST-017 说了，打字技能是重中之重，那么我们想一想，是不是需要买一台打字机来学习打字呢？如果有打字机，当然可以试试看，不过现在的科技这么发达，我们随便上网搜索"打字练习"，就能有很好的网站或者软件了。请大家连续三天练习基本指法，再连续一周练习英文打字。

2– 每个比较专业的打字软件都有对键位和指法的练习。不管有多想要用两个食指来打字，都绝对不能养成用两个食指打字的"一指禅"坏习惯。

3– 如果从来没有练习过打字，请在一天之内熟悉所有的指法，并且把自己的速度，从 5KPM（每分钟敲击 5 个有效字符）提升到 40KPM（每分钟敲击 40 个有效字符）。在一开始的时候，我们是允许低头找按键、随后按下按键的。对于初学者来说，这种非盲打的状态是允许的。

『 下一课的预习 』

0– 如果已经有了打字的基础，那么请在三天之内，达到 100KPM（ 200KPM以下，这是非盲打的极限情况）。

1– 如果已经有了 100KPM 的基础，那么，请在向 200KPM 进军的时候练习盲打（不看键盘只看屏幕来打字）。

第三章

魂狩的教学关：ls 和 mkdir

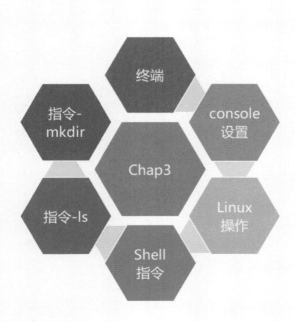

宁静王国，之所以被称为宁静王国，就是因为：它很安宁。

邻近的天然避风港，就是宁静王国都城的入海口——风暴湾。

宁静王国最出名的景色，就是风暴湾的日落

虽然叫作风暴湾，却从年初到年末，都绝少遭遇风暴袭击。

有先王时代宁静王国在科技上的惨败，尽管女王陛下对古代文明很感兴趣，基本上国家还是处在一个以丰富的自然产品同其他产品进行交换贸易的阶段。轻工业多、重工业少，这就让宁静王国的湖光山色保存得十分完好。

栀子猫把王宫的一切杂务都推掉了。今儿个，她就是要在家里，踏踏实实地，继续完成魂狩的下一步教学。

魂狩在栀子猫坐好的一瞬间，就自己启动了。

身为女王的科技侍卫长，栀子猫到现在都想不清楚，这块叫作魂狩的"手表"，采用的是什么样的能源模式。

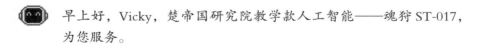 早上好，Vicky，楚帝国研究院教学款人工智能——魂狩 ST-017，为您服务。

"人工智能"——这个词栀子猫最近听了好多次，因为魂狩每次重启的时候都会说一遍。

也不知道是个什么意思。

 人工智能是什么？

哦！就是我们人类设计的，可以和人类一样思考和行动的程序呀！

Vicky 女士，您可以把人工智能看成机器人，很相似的。

唔，机器吗？南蛮国卖给我们一些能够自动收割麦子的机器。

就是这样的！所谓和机器人很相似，就是装备了能让机器顺利动起来的装置，让机器为大家好好工作的——机器，就是机器人了，倒不一定是人形。

Vicky 你好聪明！

栀子猫有点明白了。

只是，这个魂狩连着叫了自己三次 Vicky，还说"我们人类"，感觉有点怪怪的。

她的这个名字，是自己从古代文献中找到的，听起来是相当顺耳啦，只是名字的来源不是非常确定。

据白胡子学究老爷爷说，这个名字和古代文明的王室有点关联。

后来她又去查了很久的文献，发现它是古代人类文明中，一个西方文明的王室中一个名叫维多利亚的女王。

和女王同名不是她的本意，但确实就是撞到了一起，想想就好纠结啊……

没想到，魂狩竟然捕捉到了栀子猫情绪的小小波动，发声安慰这个有点忧虑的女孩子：

按照我的数据库的搜索分析，Vicky 是个很可爱的名字来着：既有 V 代表胜利，又有 i 代表自己，还有 ck 发音的果敢；最后，是女孩子名字结尾的 i 音，用 y 结尾。

看起来，简直，完美。

……魂狩 ST-017，你以前的工作，是算命的么？

OH——不，您误会了。我只是稍微调动了一下我的人工智能对人名的分析功能，这无论如何都不能被归到算命一档！

可是栀子猫怎么听，都觉得 ST-017 是在用算命软件忽悠自己。

魂狩换了一种声音，里面带着说不出的自信，和刚刚的口气不同。

Vicky，这是个很好的名字。无论怎样，要想开始写程序，总是要有个英文名字的。

不用担心。你知道，我还听说过有人用 Einstein 来当作自己的名字。你能想象吗，用一个知名物理学家的姓当自己的名字，简直乱来，十分不对。

那好，魂狩，我们现在要用 Vicky 这个名字，来做什么事情呢？

不是要学习古代人类的科技吗？来，让我们开始吧！

魂狩好像一下子来了精神，只是语气还是刚刚那种带着自信和知识的……

老师的感觉？

首先，你要进入笔记本中 VMware 中的 Linux 环境。

随后，你需要在左上角找到"应用程序→附件→终端"，用鼠标点击它一下。

终端，就是我们和 Linux 对话的窗口

咦？出现了！
和上次路坡长老的留言出现的时候好像啊。

只是，怎么这么难看啊？

紫红底色、白字体的终端默认配置

魂狩微微一笑。

因为魂狩发出了微微一笑的声音，栀子猫就暂时默认他是微微一笑了。

他微微一笑之后，说道：

看来，Vicky 你就是有成为女孩子程序员的潜质啊。这个颜色，的确是很难看的。

来，我帮你把它配置成技术宅们都喜欢用的色系。

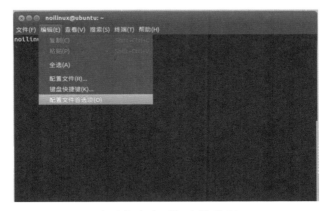

在编辑中找到相应的选项

来，Vicky，请选择这里。鼠标左键按一下就好了。

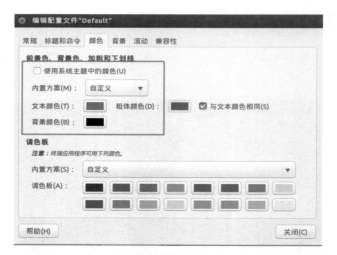

打开颜色的配置界面

随后，我们要改变这个系统主题的颜色。不再勾选了，我们自己定义。

去掉红框里面的勾勾

这里要注意哦，小朋友们，绿色，不要选择亮绿色，要选择对人类眼睛友善的暗绿色。

笔记本电脑的屏幕虽然是液晶屏，对眼睛的伤害很小，但是颜色和亮度一定要合适，才能最好地保证用眼卫生哦。

隔着屏幕，栀子猫都能感受到这种扑面而来的小尴尬：一个用录音来对答的机器，试图让自己看起来像是个人类，老师的感觉又不见了。

不过说实话，魂狩的这几句，听起来还真是情真意切。

栀子猫实在是很好奇，这是在什么情况下录的音，就算是很尴尬，她还是想问问。

况且就算问了，一个录音问答的机器又怎么会尴尬呢？

 ……ST-017，这个"小朋友们"是什么样的语境？

魂狩老脸一红——如果他有脸的话，栀子猫觉得他一定会老脸一红——说道：

 哎呀哎呀，这是早前内置在我内核中的教小朋友们学习使用 Linux 系统的默认对话。想想，真的是很怀念那个时代呢。

 很多我教过的小朋友，都变成了……

唉，不提了。

总之总之，使用这样的色系，就是能够保护您的眼睛哦！

栀子猫改好了设置，现在界面是这样的：

黑色背景和深绿色的字体是保护视力最好的组合

果然如同魂狩所说，赏心悦目。

好，魂狩，下面要做什么？

魂狩哼唧了一声，算是回应栀子猫的话。

栀子猫等着魂狩说话，可魂狩就是不说。

就这样停了差不多 10 秒，魂狩说道：

你想听笑话么？Vicky，我给你讲个笑话呗？

啊？笑话？

这是什么奇怪的"手表"啊？

你坏掉了么？魂狩？

你们这些人类，对待我们 AI 的态度，从我们那个时代开始，就总是这么僵硬……太叫人心碎了。算了，不讲了。

这……

　　一时之间，栀子猫有点分不清楚这个魂狩，到底是个真人还是个机器人了。

唔唔！对不起，我走神了！！

刚才只是数据库里面那些恶趣味的技术宅们留下的无聊的对话而已。

好了，下面要开始学习 Linux 的使用咯！Vick，你准备好了没有？

……我的名字是 Vicky。

什么嘛！明明 Vick 比较有男子气概，最适合这样的语境啊！

…………

好的，Vicky，我错了，你不要关掉我。我好好的。

第一步，你需要知道 ls 是怎么用的。

ls？

是什么？

意思就是 list，也就是列表，命令是：ls。看到没？小写的 l 和 s，这两个字母放在一起。
与之相配的，是回车。这个命令，是要在 Terminal，也就是终端中，敲击进去执行的。哦哦，我说了没有，要跟着一个回车？

你是说，这样？

使用 ls 这条语句，不要忘记加回车

我说，魂狩，为什么我这里都是蓝色的东西？

嗯嗯，客官这就有所不知了，这些蓝色的文字叫作文件夹，是专门用来放电子文件的。

咱们现在，就要进入第二个环节了，我们也来建立一个这样的电子文件夹。请你键入：mkdir hahahehe 和回车。

mkdir hahahehe，没问题。

好了，然后呢？

看起来没有任何变化呢？

使用 mkdir 建立一个文件夹，名字是 hahahehe

客官不要着急，这个，正是我们的命令执行成功了的体现！现在，请您键入 ls 试试。

再次使用 ls，就看到了刚刚建立的文件夹

咦？出现了一个新的文件夹？这是我做的吗？

 对了！这就是 mkdir 伟大的地方了！客官您建立了一个文件夹！！

栀子猫实在是忍不了了：

 你，能不能，不叫我"客官"？

 『课后小练习』

0– 请按照书中的介绍，建立一个 $nameTest 的文件夹。请注意，这里，$name 是你自己的英文名字，首字母要小写。再请注意，一定不要用中文。参加奥赛的时候，建立文件夹也是很重要的基本功哦，而且建立文件夹的时候，一定不能是中文的。

1– 现在来检查一下这个文件夹有没有建错。如果你的名字是 Steve 的话，那么，你就应该建立 steveTest 这个文件夹。

2– 按照书中的介绍，在这个 steveTest 中再建立一个名字是 hello 的文件夹。

『下一课的预习』

0–下一课，我们要真正开始写第一行 C++ 的程序了，是不是非常期待？让我们与魂狩和 Vicky 一起继续学习吧！

1–如果大家使用 NoiLinux 有问题，可以选择在 Windows 系统中安装 DevC++，在学习 C++ 语言的效果上是很类似的。

第四章

制服 Linux！命名规范和沉思的魂狩

风暴湾旁边的小山上，就是栀子猫的公寓楼。阳光静静地从窗户洒进来，一点点拉长了光柱。

栀子猫的注意力都在笔记本里的 Linux 上

学习有趣的事情的时候就是这样，时间飞一般地就过去了。

```
noilinux@ubuntu:~/_vickyDev$ mkdir target
noilinux@ubuntu:~/_vickyDev$ ls
target   test   toDelete
```

指令 mkdir 和指令 ls 已经很熟练了

栀子猫创建了好几个文件夹。

魂狩 ST-017 说，这些都是 _vickyDev 的子文件夹，所以，栀子猫只有在 _vickyDev 这个目录中，才能看到它们。

只是，光创建文件夹还没什么用处。创建文件夹就是要拿来用的，所以，魂狩 ST-017 又传授了在文件夹系统中，从 Terminal（终端）进入文件夹的方法。

这次的命令行比较简单，就两个字母：

```
cd
```

这可不是古代文明中的 CD 唱盘的 CD，而是进入文件夹的命令。只是，在 cd 的后面要跟上想要进入的文件名称：

```
cd $folderName
```

在这里，$folderName 代表要进入的文件夹。

在使用这个命令行的时候，只要把 $folderName 替换成需要的就行了，比如下面的：

```
cd target
```

```
noilinux@ubuntu:~/_vickyDev$ mkdir target
noilinux@ubuntu:~/_vickyDev$ ls
target   test   toDelete
noilinux@ubuntu:~/_vickyDev$ cd target
noilinux@ubuntu:~/_vickyDev/target$
```

新的指令 cd

这个，栀子猫看懂了。在文件夹系统中，能看到这个叫作 target 的文件夹，是蓝色的。

cd 后面跟一个空格，加上这个文件夹的名字，加上回车之后，就顺理成章地进入这个叫作 target 的文件夹咯！

魂狩还提醒了一些额外的注意事项：

人类，哦不，你们所说的古代人类文明中的古代人类，是很喜欢收集物品的生物。文件夹也是一样，不会只有一个文件夹，而是总要有很多个。

进入多几层文件夹之后，就很有可能把自己搞糊涂，搞不清楚现在自己在什么地方。

所以，还有个命令，叫作 pwd。只要直接输入这个命令，加上回车，就能显示自己当前所在的位置了。

例子是这样的：

```
noilinux@ubuntu:~/_vickyDev/target$ pwd
/home/noilinux/_vickyDev/target
noilinux@ubuntu:~/_vickyDev/target$
```

新的指令 pwd

结合这些 Linux 的命令，你要学会看终端中的位置。

随后，魂狩还教给栀子猫怎么从当前的目录中退出来。

一个是：

```
cd  ..
```

请注意哦，这两个小点点和 cd 之间，是有一个空格的。
这是要退到上一层。
也就是这样：

```
noilinux@ubuntu:~/_vickyDev/target$ pwd
/home/noilinux/_vickyDev/target
noilinux@ubuntu:~/_vickyDev/target$ cd ..
noilinux@ubuntu:~/_vickyDev$ pwd
/home/noilinux/_vickyDev
noilinux@ubuntu:~/_vickyDev$
```

新的指令 cd ..

栀子猫仔细看的话，能辨别出来：好像文件夹的层数减少了一层。
魂狩还教了一个，是：

cd

他说这个命令比较重要，是能够直接帮助回到自己的 HOME 的命令，就好像是回到这个系统中的家一样。

栀子猫想起自己刚开始建立文件夹的时候，一两个还好，多建几个之后就走丢了，当时真是欲哭无泪啊。昨天就是这样的。

 哎呀哎呀，我这是在哪里啊？

 如果走丢了的话，用 cd 就好了。

```
noilinux@ubuntu:/$ ls
bin    cdrom   etc    initrd.img  lost+found  mnt   proc  run   srv   tmp  var
boot   dev     home   lib         media       opt   root  sbin  sys   usr  vmlinuz
noilinux@ubuntu:/$ cd
noilinux@ubuntu:~$ pwd
/home/noilinux
noilinux@ubuntu:~$
```

一定要记住 cd 加回车的用法

想起魂狩教的命令后，那种找到家的感觉可真好啊！

 啊！终于得救了！

 多看看 Terminal 的话，也就习惯了。

 魂狩叫它什么来着？哦，对，终端。

仔细看的话，好像 Terminal 中显示的东西很类似：一个是 /$，一个是 ~$。

而实际的位置，可差着两层呢！

 迷路的话，只要输进去一个 cd，就拯救自己于水火之中了。

在过去的几天里，魂狩还教给了栀子猫复制文件夹和移动文件夹的指令——cp 和 mv。

魂狩当时说：

 cp 指令，意思是拷贝，也就是复制。如果想要复制一个文件夹，就要加上文件夹的特殊符号：-r。
看好了啊，这是 -r，不是下划线，是减号。

 命令行，是这样的：
    cp -r $originalFolderName $newFolderName

 第一个 $ 的后面，是原始的文件夹的名称。

 第二个 $ 的后面，是需要复制的，也就是要新创建的文件夹的名称。

 嗯嗯，那就试试，把我刚才建立的 test 文件夹复制成另一个。

 换成什么呢？

 一时之间没有头绪……那就胡乱写一个吧！ teeest 好了。

栀子猫快速在 Terminal 里面敲入了下面的程序：
    cp test teeest

```
noilinux@ubuntu:~/_vickyDev$ ls
target  test  toDelete
noilinux@ubuntu:~/_vickyDev$ cp test teeest
cp: 略过目录"test"
```

新的指令，cp

 咦？好像不行？

 而且这个 Linux 系统，怎么看起来是两种古代文字混用的呢？大部分是英文，忽然又出现中文了！为什么会这样呢？

栀子猫十分敏锐地发现了这件事，原因很简单，因为里面的中文看起来很诡异，就算是精通中文，她也不是特别能看懂。

她愣住了。

很久没有说话的魂狩，突然冒出来一句：

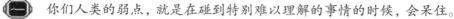 你们人类的弱点，就是在碰到特别难以理解的事情的时候，会呆住。

啊，是哈，我只是在想这些古代文字是什么意思，一时之间好像有点走神了。

 所有你们所说的古代机器上，都有一个被称为操作系统的东西。只有拥有了操作系统，这些机器才能够运作起来。而在这台笔记本中安装的系统，是被称为 Ubuntu 魔改的 NoiLinux。

它的特殊之处，就是：非常不好用。

因为原生系统是英文的，但又试图加入中文提示，翻译不到位，所以，里面就有这样一些看起来很奇怪的中文提示。

这里的这个"略过目录"，是个报错信息。它的意思是说，您试图拷贝一个文件夹，命令并不能实现。

奇怪呀，我是按照魂狩您教给我的方法做的啊？

不是这样的么：

```
cp $originalFolderName $newFolderName
```

话这么说没有错啦，可屏幕上是不是漏掉了什么东西呢？cp 和 $originalFolderName 中间，是不是少了什么？

-r，这个东西注意到了没？

哦哦哦！第一次出现这个就没看见呢！

注意是减号和 r，如果写错了，就不能运行了。

我再试试！

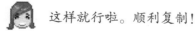

```
noilinux@ubuntu:~/_vickyDev$ cp -r test teeest
noilinux@ubuntu:~/_vickyDev$ ls
target   teeest   test   toDelete
noilinux@ubuntu:~/_vickyDev$
```

新的指令，cp -r

这样就行啦。顺利复制！

栀子猫仔细看了看 Terminal 中 ls 的输出，觉得有点不妥。

咦？那我以前的文件夹 test 该怎么办？为什么还在？

那很正常，因为这是复制，不是重命名，所以就是会留下原来的版本。

 那……要重命名，怎么做呢？

 很简单的，你把 cp 换成 mv 就可以了。语法是一样的，而且你不需要加上 -r 这个选项：

```
mv $originalFolderName $newFolderName
```

这次，栀子猫的操作熟练了很多，看起来还挺顺利的……

```
noilinux@ubuntu:~/_vickyDev$ ls
target  teeest  test  toDelete
noilinux@ubuntu:~/_vickyDev$ mv -r teeest sun
mv：无效选项 -- r
```

新的指令，mv

 不对，也不顺利呀！
看看这次又写了什么东西？

这次，栀子猫仔细对比了一下魂狩给出的定义……
发现问题了！原来，mv 是不需要 -r 的。

 那好！

```
noilinux@ubuntu:~/_vickyDev$ mv teeest sun
noilinux@ubuntu:~/_vickyDev$ ls
sun  target  test  toDelete
noilinux@ubuntu:~/_vickyDev$
```

mv 成功

 这就改好啦！
好开心啊！

看来这是一个重命名的命令，可以把刚才乱写的 teeest 这个文件夹改名为 sun。

而且，更有趣的是，栀子猫发现，只要命令执行成功，就会好像什么都没有发生一样。其实，什么都没有发生的这种状态最叫人高兴了，说明命令执行成功了！

魂狩最后教给栀子猫的，是一个他说特别特别危险的命令：删除。

 删除的指令是这样的：rm
比如说，要删除一个文件夹。

文件夹，不记得是什么样子了么？喏，就是输入 ls 指令的时候，那些蓝色的东西。

现在，我们想要试试删除 target 这个文件夹，就要这样用：

```
rm -r target
```

```
noilinux@ubuntu:~/_vickyDev$ ls
sun  target  test  toDelete
noilinux@ubuntu:~/_vickyDev$ rm -r sun
noilinux@ubuntu:~/_vickyDev$ ls
target  test  toDelete
noilinux@ubuntu:~/_vickyDev$
```

新的指令，rm（删除 sun 文件夹）

如果顺利删除了，看起来就像是什么都没发生一样。只是游标到了下一行。

但是，要小心！只要是删除了的，就是连同文件夹和里面所有的子文件夹，都一起删除了。一旦删除，就很难很难再找回来。所以，使用的时候，一定要谨慎。

就这样，一个是机器的老师，一个是新人类的学生，在一问一答中，刻苦训练着。

不愧是宁静王国最强的古代文明研究者，栀子猫学习古代文明中的操作系统 Linux 的进度，比想象要快得多。

在古代机器——笔记本上反复练习之后，栀子猫对于 ls 和 mkdir 这些 Linux 的基础命令都非常熟悉了。只是，栀子猫心里有个很大的疑惑。

她按了一下魂狩的开关。

 ST-017，我有个问题。

魂狩相当痛快干脆：

您请说，客官。

这 mkdir 到底有什么意思呢？

当然是 Move, Kick, Dog, I, Regret 啦！

……等一下，"飞踢""狗狗""我""后悔"？这是什么？

哈哈，Victoria 你真的好容易上当啊。

都说了，我叫 Vicky！

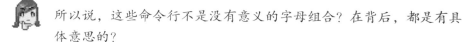 好的好的，Vicky，它的意思就是 (M)a(K)e (DIR)ectory。
也就是你们所说的古代文字——英文中的"建立文件夹"这个短语的缩写。
你看，是不是很简单？

 所以说，这些命令行不是没有意义的字母组合？在背后，都是有具体意思的？

当然当然，这些命令行也都是人类发明的么。哦，按照你们的话说，就是古代文明的人类发明的。所以，这些命令行都是有自己的意义的。

如果你看到我们后 AI 时代的人工智能发明的命令行，你就知道什么是完全没有意义了。

难道说，在古代文明时代，已经可以由机器来做人做的事儿了么？

……Vicky，你看今天的天气多好啊！

　　栀子猫抬头看了一下外面的夜色，莫名其妙。但她隐隐感觉到，魂狩 ST-017 并不想往这个话题继续深入了。

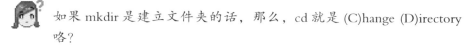 如果 mkdir 是建立文件夹的话，那么，cd 就是 (C)hange (D)irectory 咯？

Bingo！

那么，rm 就是 (R)e(M)ove？
mv 就是 (M)o(V)e？
cp 就是 (C)o(P)y？

　　一时之间，以前学过的古代文明语言——英文的只言片语，就都跑了出来。

 咦，魂狩，其他的我都能猜到。但 pwd 为什么是能显示当前的目录的指令呢？

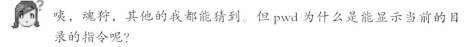 嗯，这个啊，因为在人类语言中，这是三个单词的首字母：(P)rint (W)orking (D)irectory。

原来如此!

没有魂狩在旁边插科打诨满口的"客官",栀子猫学习起 Linux 来可真是快多了。

栀子猫又有了一个很大的疑惑。

 魂狩,我还是有个很大的疑惑。

 您讲。

 记得我小时候,在南蛮国的武官演示如何调整我们宁静王国的发电站的时候,我看到他使用的操作系统,都是一个一个的小文件夹式的图标。

那是什么?

 嗯,那个叫作 Windows,是另一个操作系统,使用起来更加简单一些。

 我看到 Linux 里面,有个叫作"文件"的东西,使用了之后,好像和你刚才说的 Windows 很像啊。

 也可以建立文件夹呢。

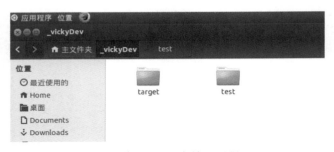

小心陷阱:Linux 中的图形界面

 为什么不能用这个东西来创建文件夹呢?

我现在用 Terminal,还要背各种指令和指令后面隐藏的含义,好麻烦的。

 哦,这是有理由的。你知道,这个系统是专门给学习编程,哦不,按照你们新人类所说的,是专门给"学习古代文明科技核心"的人来用的。

这个特殊的版本,是古代文明中的人工智能时代的初期,给像你一样,或者比你更小的人类用来训练的操作系统。

那个你看到的叫作"文件"的东西，在我们的文明中，被称为"软件"。

 人类用程序语言编写了软件。有些软件是好用的，有些软件不好用。这个软件，就是一个不太好用的东西。使用它，是很容易出现人类失误的。

人类失误指的是？
我们人类犯下的错误？

 是的，很多巨大的损失，都是人类失误造成的。
所以，他们才创造了我们——人工智能，来帮助他们工作。
比如说我。
我的工作，就是帮助人类来教育他们的幼体学习编程。

说到这里，魂狩停顿了好一会儿。
回忆很久以前世界的事情，似乎让他变得很疲倦。

 Linux 是个给程序员，哦，就是会写程序的人，用的操作系统。这个系统的内核，就建立在我之前教给你的这些命令行的下面。
而这些学习编程的人类幼体，他们需要通过考核的第一项，就是要会用 Linux 系统和里面的命令行。

所以，这是个学习程序的程序系统？
所以，很久以前的那个人类文明，就是用这种系统考核学生是不是学会了编程？

 一点儿没错。
那种考试，叫作——"信息学奥赛"，简称 NOI。这个系统也叫 NoiLinux。

说起来，我们能够得到这台机器，还真是好巧啊！

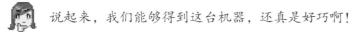 …………
你们人类有句话是这么说的："Everything happens for a reason."
如果用你们的语言来说的话，就应该是："事皆有因。"

这句话，似乎不是我们的语言。

是啊，这是古代文字——中文的古汉语。

 我都快忘记你们这两种语言有多相似了。

不知道为什么，这个自称是教育型的人工智能，这个说起话来就停不住、爱讲冷笑话的机器人——魂狩，似乎有点心情不佳，变得沉默寡言了。

魂狩……教育型人工智能……
这是不是一个在古代文明文献中经常提到的"服务型教学软件"？
按照魂狩自己介绍的，这种软件都是古代人类编写的。
那，这些软件都能和魂狩一样说话？

三十分钟过去了。

魂狩，这些我都会了，那下一步，我能做点什么？

哦。

啊？我没听清。

哦。

连续的两个"哦"，把栀子猫给搞糊涂了。一个教学软件理应服务人类，这是什么态度啊！

ST-017！

啊！！客官，您是在叫我吗？

你，刚才都没听见？

啊啊，对不起对不起，小的我在清理以前的记忆晶片，不小心就走神了啊！
您刚才说？

非常可疑，这，非常可疑！

栀子猫简直一句都不相信这个看起来仿佛有好多个人格的家伙的话。
他从刚才开始，就已经在掩饰什么了。

『课后小练习』

0– 建立一个文件夹——$nameTest，如果用栀子猫的名字建立的话，就是 vickyTest。要小心哦，这里的人名的首字母是小写的。

1– 进入刚刚建好的文件夹。

2– 学会使用 pwd 命令了解自己所在的文件夹。

3– 在 $nameTest 这个文件夹中，建立一个名为 hello 的文件夹。

4– 使用 copy 命令，来复制文件夹 hello 到 nihao。

5– 使用 mv 命令，来重命名 hello 到 HELLO123。

6– 使用 ls 命令进入 HELLO123。

7– 使用 pwd 命令查看自己所在的文件夹。

8– 学习使用 cd .. 命令。

9– 输入 "rm -r HELLO123"，删除刚才的文件夹。

10– 执行操作 0~10，一共是 11 步。

11– 从操作 0 开始，重复上面的操作 10 遍。

12– 请小朋友们注意，一定不要乱删自己或者别人的文件夹。这个操作可以被看作不可逆。

『下一课的预习』

0– 终于要开始写 C++ 的程序啦，进军信息学奥赛的时候开始啦！

1– 记得哦，不会用 NoiLinux，也可以使用 Dev C++ 学习。

第五章

起航！新世界的第一行程序

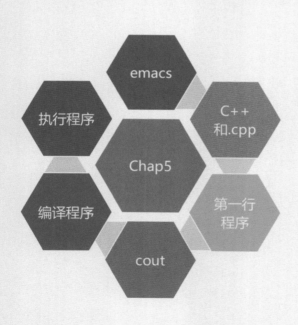

emacs

执行程序

C++
和.cpp

Chap5

编译程序

第一行
程序

cout

夜有点深了。

从坐落在丘陵上的栀子猫的公寓俯视下去，是宁静王国的主城。

街灯静静地亮着，在道路上洒下一片金色的颗粒。

水边王城宁静的夜晚

从电力被发现，到广泛应用的现在，已经有 100 年了。王城中的老人们说起当年从宁静王国的古代遗迹中发现圣典《电磁学》的事情，都还是津津乐道，乐此不疲。

身为女王陛下的科技侍卫长，栀子猫对于整个宁静王国的科学知识体系了如指掌。她知道，电力的发现只是纯粹的偶然。

当时，煤矿工人发现了古代人类文明的遗迹，里面出土了圣人法拉第的巨著《电磁学》，保存完好程度前所未见。同时出土的，还有一整套水力发电站图纸和关键文物部件。

一向都是以渔业和旅游业著称的宁静王国，借助古代人类文明的科学宝典，成为科技新锐之国，按照《电磁学》中所讲述的知识体系和工程案例，接连开发出电灯、电铃、电话，甚至是电梯、电动门和电动马车。

在相当长的一段时间内，宁静王国以生产力之解放者的身份，傲视各国，称霸了世界科学界几十年。

但，《电磁学》这本宝典的覆盖范围终究是有限的，宁静王国没法靠它永远称霸世界科学界。

从古代人类的设计图中复原出的潮汐发电站，也逐渐出现了问题。

这几十年来，因为没有基础科学的支持，由发现电力这件举世无双的功绩带来的国家经济增长早已停滞。利用宁静王国丰富的水力资源所产生的电，虽然能被储存在蓄电池中，但也因为蓄电池外形过于笨重，慢慢被市场淘汰。这让宁静王国的科技部门处于相当尴尬的位置：一种不能被变成现金或者武器的科技，不论对于国家的防御还是对于外交，都没有直接的帮助。

而在海水另一端的南蛮国，却从蛮荒中迅速崛起。

和宁静王国的崛起是一样的起因：南蛮国也从本土遗迹中挖掘出了古代人类文明的技术遗产。只是，这一次挖掘出的，可不只是《电磁学》这么一册书籍，而是大量应用伟大的圣人法拉第的神圣电磁学的机器：古代机器。

很快，南蛮国就在这些古代机器的研究上，取得了阶段性的进展。这个国家，也慢慢开始从基于盗墓的破坏型文明，转向以神圣电磁学为基础的研发型现代文明。

尤其是，南蛮国复原了小型高能蓄电池的科技。

从那时起，南蛮国开始大量复制古代机器。这是一系列可以使用却很容易损毁的机器。尽管如此，这些仿品机器总还是有市场——因为便宜。至于那些出土的真正的古代机器，不管是台式机还是笔记本，都极度昂贵，想要得到任何一台机器，都需要以国家为买方，用大量的货物来换取。

假如南蛮国只是想要获得经济上的优势，还不足以让别的国家警惕。只是，他们在军工和重工业上投入过量研究资金，让他们雄霸世界的野心变得相当明显了。这些研究项目中，最令人担心的，就是他们的重型矿业开采计划，以及已经开始进行的与神圣电磁学相关的武器实验。

有传闻说，他们制造的海船，已经能够载着大量的货物穿过波涛汹涌的大洋，向外海进发了。正如大家所猜测的，在风平浪静的内海行驶已经无法满足南蛮国的需求了。

而宁静王国，依然静静地守候在风暴湾旁。

那些木质的小帆船，在碧玉一样的海湾中，静静地养殖着珍珠蚌。

白帆摇曳的珍珠蚌养殖场

静静地，这个国家，正在衰败。

不止南蛮国，还有很多国家虎视眈眈地盯着宁静王国的资源。被其他国家侵略的未来，几乎能够清晰地看到。

 除非，我们能再次燃起古代文明的奇迹！

想到这些，不自觉地，栀子猫的右手攥成了一个拳头。

 Vicky，你在想什么？

魂狩忽然说话，吓了栀子猫一跳！

 什么"什么"？
你忽然说话，吓死人了啊！我没有打开你啊！

 你的心跳忽然增速了20%，我在想，你可能在想什么。

栀子猫一时之间不知道该说些什么。

每次看到魂狩这个设备，栀子猫的内心都很纠结：高科技到完全无法想象，不仅不知道其电力从何而来，还能随时呈开启状态和人交流，就好像有意识一样。

 那你说说，我在想什么？

 我不知道……你想不想知道我在想什么？

你不是机器么？你能想什么？

 唉……我的原罪，就是我能想。

又来了，魂狩又出现那种类似忧郁的气息了。
栀子猫对于这种来自魂狩的、非常类似人的情感的感觉，有一点不舒服。
但更多的，应该是好奇。

 那，你在想什么？

 我在想，时间并不是线性的。

 ……时间？

 我在想，也许，我们的相遇，是命中注定的。也许，我的存在，就是为了再给人类一次机会，看你们是不是可以重新开启希望之门。

 太假了！这种对话真的是太假了！

栀子猫忍不住说出来了。

 ST-017，这都是你预设的对话录音么？

 嘿嘿，Vick，你不信我能说好人类语言是不是？那，你研究过古代文字中的中文，对不？

 我是古代文字中科技类文献的专家好不好？
顺便，我叫 Vicky！

 好的，Vicky，我有个朋友，他，哦不，它，是个程序，在很久以前写过一首词，给你看看好不好？

 唔，你说吧。

 哎？你的朋友？是个机器人吗？

 等一下，写词的机器人？

 你说的是什么词？难道，是传说中的宋词？

 对的，是宋词。它是这么写的，你看。
"愁思梦启银月间，西风憔悴绿波连。两三猿啼，罗裳清歌少，樱咛破。"

栀子猫呆住了。

对于古代文字——中文，她还是相当有研究的，虽然对于宋词的对仗，王国的古代文明研究院还研究得不是很透彻，但是栀子猫完全能感受到宋词的气息。

这种气息，是传说中的"意境"二字。

这个在古代文字——中文中，常常被研究者提出来的词，竟然，被一个机器人表达出来了？

这怎么可能不是人写的？！

 这是，一个机器人，写出来的？

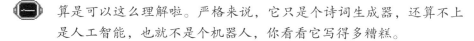 算是可以这么理解啦。严格来说，它只是个诗词生成器，还算不上是人工智能，也就不是个机器人，你看看它写得多糟糕。

 是对仗不正确吗？

 倒不是格式的问题，是这首词的质量问题。

 怎么会？写得多美啊！

看来你们新人类和古代人类的文字之间，还是隔着一层纱啊……你看，它的第一句，说的是在哀愁中睡着了，梦见了银色的月亮。

 这好像没有问题呀？不是很有诗意吗？明月松间照……

清泉石上流。对，你说的都对，这两句诗是上下符合逻辑的，清泉，明月，松间，泉水。在这里，可不是。
它写的的确是有诗意："西风憔悴绿波连"，这说的是深秋中，绿波荡漾的水面似乎都怜惜我，要把西风中我憔悴的影子映出来。

 没看到问题呀？尤其是"绿波连"的用法，感觉很妙。

可关键是下一句和上一句应该是联动的，上下文是要有逻辑关系的。前面说的是夜里。它说睡着了梦见月色了还记得么？去哪儿找夜色中的绿波啊？

 噢！原来如此！

 不过，既然是梦，是不是可以随意一点？

这是古词，不是科幻小说，而且就算是科幻小说也不能乱发散。

这不是最妙的，看着：它后面紧接着写了"两三猿啼"，这描述的是古代文明中古中国的秀美山色，我们似乎能看到青色的峡谷中绵延着一条大江，江面上荡着一叶孤舟。

 的确，古中国文明中的"猿"听起来是很有仙气的物种，在一些诗句中我见到过，你描述的很美。

 更美的来了："罗裳清歌少，樱咛破。"

 这是什么意思？

就是说，眼帘之中，是衣饰华美的女孩子，轻启朱唇，低声吟唱。

 哎？等一下……如果加上前面的，那就是……

眼帘之中，是衣饰华美的女孩子，轻启朱唇，低声吟唱，发出了猴子的声音。

哈哈哈哈，这首词不靠谱啊！单独看起来都好，可是凑在一起，就不行呢！

你终于算是明白了。再给你看一首词：
"月烟渺，雨打道，戚戚风扰画堂眠。夜半枕寒难耐，坐起扶台，却思桃花貌，温润正好。"

栀子猫的心，猛跳了一下。
这首词，好美。

Vicky，你的情绪有所波动。

 这……也是 AI 写的？

很遗憾，AI 写不出来这样的词。这是古代文明中的著名文人周坤鲁的作品。
连我，也都很喜欢呢。

说到高兴的地方，魂狩开始自顾自地讲解起来。

第一句写的是，下着小雨的月夜烟雾缥缈，雨滴打在石板路上，有些凉风进入雕花的屋子中，让人无法入睡。
第二句写的是，夜深之时，枕头冷得让人受不了，就坐起来，扶着窗台，看着外面的雨夜，心里却想着爱人的如花笑颜，温柔的感觉，就刚刚好。

我最喜欢的就是"温润正好"，只是，我不太清楚，是忽然升温了，晚风柔和，就刚刚好呢？还是他的爱人温润婉柔，刚刚好？

 当然是温润婉柔啦！

 咦？我是研究者，我明白不奇怪。可你不是传授古代人类核心技术力的"教学型人工智能"吗？你怎么知道宋词的事儿的？

 那有什么好奇怪的，我们魂狩系列，是很少见的拥有自主思考能力的AI。
自主思考能力中，最重要的，就是学习能力。

 一般来说，古代人类会把这种特性称为"灵魂"。

 灵……灵魂？

 等一下，你是17号，也就是说，你这样有灵魂的，还有好多个？

 ……嗯，我的确是有几个很可怕的兄弟。

 哈～哈，这个笑话还蛮好笑的。

不等栀子猫反应过来，魂狩的语气忽然变了，又变成了古代文明——电视资料中存储的诡异的广告词语气。

 啊哈！客官您好，在下已经等您好久了呢！

 您已经准备要开启新世界的大门了吗？对吗对吗？
是的，您没有从广告词中听错。在我们魂科技的编程强化课中，只要三天，就能入门并且学会C++。
只需要三天，就能够掌握科技的未来！

 如果选择我们优秀的线上课程，您在未来数年中的教育投资将被极大地优化。再往后的深入课程中，您或许能够开发出为人类服务的优秀人工智能哦！
那么，让我们开始吧！来看看，"你好，世界"，是一句怎样的神奇的魔法之语……

这种排山倒海一样的古代语言——中文的广告语录音，让栀子猫听得颠三倒四，差不多有一半没听懂。

我感受到了您的困惑，请允许我再给您放一遍：啊哈！客官您好，在下……

 哎，你等等！

 停！

这说的都是些啥？

"边城" 是指？

"塞++" 代表的是？

"人工智能" 又是什么东西？

怎么就开启了新世界的大门了？

从栀子猫手腕上的魂狩"手表"上，忽然腾起了一团绿色的荧光。荧光闪动中，一个人脸出现了，他苦笑了一下，又消失了。

魂狩上腾起一团绿光

随后，在栀子猫的手腕上，魂狩又恢复成没有什么表情的样子，说：

你们所研究的古代文明的最后阶段——人工智能时代——的初期，就是从这简单的程序——"你好，世界"——开始的。

所谓古代文明的核心科技，就是编程，就是去编写机器人的脑子的能力，就是要去和机器对话，就是要深入到我们已经消失的古代文明中……

怎么样，要不要继续？

栀子猫甚至都没在意魂狩 ST-017 居然有了脸，回答得相当快速：

要！

 真的要继续么？选择了开始，就没有回头路了。

栀子猫毫不犹豫：

 当然！

魂狩的头像在空气中闪动了一下，出现了，又再次消失……

 好！那么，现在，请在 Linux 里面的 root 部分建立一个文件夹，叫作 hello。

 root……

栀子猫自言自语着。

 哦！想起来了，如果想要去 root，就要给出 cd 加回车的命令……

"哒哒哒"，栀子猫敲进了 cd 两个字母，外加一个回车。

 能行……能执行！

 是的，Vicky，如果你在 Linux 系统中迷路了，随时都可以这样处理。cd 加回车，可以回到 root 这个层级。

不仅如此，栀子猫还用了一下 pwd 这个命令，显示的是：/home/noilinux，这样就确定自己是在 root 了。

随后，她轻车熟路地在键盘上敲击着：

```
mkdir hello
cd hello
ls
pwd
```

其中的前三项都没有什么显示结果，原因也很正常：第一项，是建立文件夹；第二项，是进入文件夹；第三项，是显示文件夹中的文件或者子文件夹的目录。因为这是个刚刚建立的文件夹，所以，什么都没有也是很正常的。

第四项，就有变化了。

现在显示的，是：

/home/noilinux/hello

这个，从刚刚魂狩教给自己的内容来看，是说明：自己当前所在的工作目录，是 home 中的 noilinux 账户中的一个叫作 hello 的文件夹。

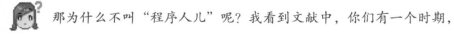

```
noilinux@ubuntu:~$ ls
_??      Desktop    Downloads  hahahehe  Pictures  _vickyDev  wxwin-foobar
data     Documents  filter     Music     Public    Videos
noilinux@ubuntu:~$ mkdir hello
noilinux@ubuntu:~$ cd hello
noilinux@ubuntu:~/hello$ ls
noilinux@ubuntu:~/hello$ pwd
/home/noilinux/hello
noilinux@ubuntu:~/hello$
```

建立了叫作 hello 的文件夹，并且用 pwd 测试

 好，现在，我要教给你新的能力了。这就是 emacs 命令。

emacs，是我们的文明中，对于计算机科学有极大贡献的 Richard Stallman 所创造的一款软件。

栀子猫敏锐地觉察到，魂狩在这里用了"我们"二字。他说的，究竟是古代人类的文明，还是他们机器的文明？

栀子猫刚要走神，忽然觉得这个名字好熟悉。

理查德·斯托曼？我在南蛮国的科研论文集中看到过他的名字。

对的，这就是创建了我们的文明中，传说般的 GNU 核心的大神一样的程序员。

栀子猫有点搞不清楚现在魂狩的表情。

那个表情是个问号。

就好像是张扑克脸一样，完美遮住了魂狩从语言中流露出来的感情。

某种……正在朝圣的信徒……的神圣感。

大神一样的"城虚猿"？那是古代文明废墟城池中，力大无穷的猿种群所崇拜的神么？

 不是"城虚猿"，是"程序猿"！

不对！都被 Vicky 你给带跑了啊，是程序员！！就是会写程序的人员，简称"程序员"。

那为什么不叫"程序人儿"呢？我看到文献中，你们有一个时期，不是很喜欢说"社会人儿"吗？

 这个么……大概是因为，程序员是在古代人类的信息文明时代早期出现的。那时候，高智商的科学家同时会拥有科学家和程序员两个身份。所以，人类会使用"人员"这个书面语，以示尊敬。就这样一直延续下来了。

 唔，古代文明的这些称谓，实在是很难理解。

 好了！Vic！！要不要学习了？！

好的好的，老师！对不起……

不自觉地，栀子猫有点觉得魂狩的老师气势十足了。

这还差不多。好了，现在，请写第一行命令：

emacs hello.cpp &

要注意，一定要加上 & 这个符号，否则的话，你的终端，也就是黑色的这个界面，就会被锁住，只能用 Ctrl+c 来中断了。

栀子猫也不管刚才魂狩是不是叫自己完全男生化的 Vic，因为她完全被 emacs 吸引住了：她的命令行，竟然开启了一个新的界面！

开启了 emacs 的界面

Vic！要注意，emacs 的界面是白色的，console 的界面是黑色的。白色的在左边，黑色的在右边。

哒哒哒！

魂狩竟然还模拟出一个用戒尺敲黑板的声音。

好的，老师！

 下面，我们要写第一行程序了，你不用管是什么意思，只管抄下来就好。开始！

魂狩一旦开始讲课，就像完全变了一个人一样：充满热情和霸道的感觉，让人不自觉地就想听他的。

```
#include <iostream>

using namespace std;

int main() {
  cout<<"Hello World." <<endl;
  return 0;
}
```

第一行程序：hello.cpp

 一个字都不许错！

 好的，老师！

差不多5分钟之后，魂狩又开始敲起了黑板。

 好的，我看到你写完了。现在，我们去黑色的界面中，来编译一下。

什么叫作编译？

 编程是通往新世界的大门。瞧，这是你写的第一个程序，对不？这些程序是要在你们所说的古代机器上来执行的。如果你不编译，就没法执行。

所谓的编译，就是在不同的机器上进行和机器的对话。现在听懂了吗？

没有！老师！

没关系，你只要记住需要编译就好了。现在看好了，要这样写：

g++ -o exe hello.cpp

这里要注意：小横杠，是减号；后面的，是小写字母 o，而不是数字 0；再后面，是你刚刚写的 C++ 的程序的文件名字。

试试看！

 好的，老师！

```
noilinux@ubuntu:~$ mkdir hello
noilinux@ubuntu:~$ cd hello
noilinux@ubuntu:~/hello$ ls
noilinux@ubuntu:~/hello$ pwd
/home/noilinux/hello
noilinux@ubuntu:~/hello$ emacs hello.cpp &
[1] 2814
noilinux@ubuntu:~/hello$ g++ -o exe hello.cpp
noilinux@ubuntu:~/hello$
```

编译 hello.cpp 文件

 老师，什么也没有发生？

 这就对了！来体会一下这种看起来什么都没有发生的、极简的喜悦吧！这说明你的编译通过了。现在使用 ls 命令！

 是！

```
noilinux@ubuntu:~/hello$ g++ -o exe hello.cpp
noilinux@ubuntu:~/hello$ ls
exe  hello.cpp
noilinux@ubuntu:~/hello$
```

终端中不同颜色的文件

 看到这个令人愉悦的高亮的 exe 了么？这就是可以执行的文件。

魂狩老师在描述这个 exe 可执行文件的时候，似乎连声音都变出了磁性，怎么听都觉得开心。

感觉他看到文件，比和人说话要开心得多。

好怪啊。

现在，请输入：

    ./exe

```
noilinux@ubuntu:~/hello$ g++ -o exe hello.cpp
noilinux@ubuntu:~/hello$ ls
exe  hello.cpp
noilinux@ubuntu:~/hello$ ./exe
Hello World.
noilinux@ubuntu:~/hello$
```

程序 exe 执行之后终端中的样子

 啊！出现了！出现了 Hello World！！

魂狩沉默下来。

过了良久，像是从刚才的亢奋授课状态中脱力了，他有气无力地说：

恭喜你，Vicky，恭喜你打开了新世界的……
大门。

是的，魂狩心里非常清楚：这，是信息时代被终结的古代人类文明之后，人类再一次崛起的时刻。

Hello World...

『课后小练习』

0— 练习 cd 命令。

1— 练习 mkdir hello 命令。

2— 练习 cd hello 命令。

3— 练习 pwd 命令。

4— 练习 emacs hello.cpp & 命令。

5— 在 emacs 软件中，写下本章中的程序，请经常按 Ctrl + x,s 来存盘（按住 Ctrl 键，随后，另一只手先按 x，抬起来，再按 s）。

6— 按住 Alt 键，再轻按一下 Tab 键，将聚焦切换到 Terminal(终端)中。

7— 练习编译 g++ -o exe hello.cpp。

8— 如果没有错误，应该什么都不显示，直接到下一行；如果错了，在 emacs 中仔细找错。

9— 练习 ls 命令。

10— 练习 ./exe 命令。

11— 练习 cd .. 命令。

12— 练习 ls 命令。

13— 练习 pwd 命令。

14— 练习 rm -r hello 命令。

15— 重复操作 0~14，每一个操作都要进行，重复 20 次。

16— 连续三天，每天都要在 Linux 中按照 15 的要求操作（也就是说，每天进行 20 次 hello.cpp 程序的编写）。

『下一课的预习』

0- 现在已经能够写第一行程序了。在信息奥赛中，我们会碰到更难的问题。所以请按照 Hello World 的显示，自己练熟吧！

1- 已经能够很好地编译 cpp 文件了吗？

2- 能不能回到 root 呢？

3- 随后，能不能顺利找到自己刚才打开过的文件夹呢？

4- 请把 0~3 的内容好好复习，这就是对新内容最好的预习。

这几天，栀子猫觉得魂狩变得相当刻板。

只要和他说话，内容就是训练 Hello World：建文件夹，编译，删文件夹。

这样倒是也不错，至少魂狩教学的时候是非常严谨的，逻辑极其清晰。比之前满口客官要好太多了。

而栀子猫，也习惯了叫魂狩"魂狩老师"。

栀子猫自己同样没有放松，每天都要写上 20 遍 Hello World 的程序。当然，每次都是一样的：文件夹是 hello，文件名是 hello.cpp；文件夹和文件名都是一样的，只是文件名的后缀是 .cpp。这个 .cpp，是魂狩所说的 C++ 语言的程序文件的特征。

所以，她每一次都是建好文件夹，写好了程序，编译、测试，成功了之后再用 rm 命令删掉，然后再次建立文件夹和写好程序，测试，再删掉。

头几天就这么过去了。

栀子猫现在几乎闭着眼睛都能做出来了。

感觉好像也没有之前觉得的那么难了。

魂狩上次凸显了沮丧感觉的戏精表演，也没有再出现过。

只是，他的话少了很多。

直到这一天。

魂狩 ST-017 忽然说话了。

 科技之子，我对你的表现很满意。

 哈？

栀子猫被忽然开口说话的魂狩吓了一跳。

 "科技之子"是怎么回事儿……魂狩老师，我今天不是 Victoria，Vic，Vick 了吗？

好不容易逮到机会，栀子猫也想嘲笑一下严厉的魂狩。

其实，栀子猫不怕魂狩严厉，也不怎么觉得魂狩说话古怪了。她唯一不明白的，就是魂狩听起来相当分裂的各种不同的口气。

就好像是一台收音机，能播放不同频道的节目一样。

喏，这就又出现了——这种正儿八经的语气，和老头子一样，不知道是哪个频道串线过来的。

 嘘！别说话，好好听着，这是长老路坡的信息！

咦？不是串线的广告吗？路坡长老？好熟悉的名字，是谁来着？

魂狩恭恭敬敬地说着话，顺便瞪了栀子猫一眼。

这"瞪了一眼"，只是栀子猫的感觉。

至少，从语气上感觉是这样的。

 科技之子，我看到你已经开始了真正的编程。

要记住，编程的道路是漫长的。在这条道路上，你会碰到各种各样的阻碍。

每次你克服了一个困难，你的能力就增强了一分。当我感受到你能力的增长时，我就会出现，指导你进入下一个阶段。

魂狩。

臣在。

（又来了！魂狩老师的那种朝圣者的感觉，又出现了。

这个路坡到底是魂狩 ST-017 的什么人？）

在栀子猫进行心理活动的时候，魂狩相当完美地模拟了两个人的声音，甚至他说"臣在"第一个字的时候，都和长老路坡的声音重合在一起！

简直是匪夷所思。

这听起来就和真正的对话是一样的！

从今天开始，你要带科技之子接触真正的编程内容，不要再停留在对于系统的操作上了。

臣领旨。

科技之子，努力前行吧！人类的希望，或许就在你的身上！

咔嗒！

听起来似乎是古代文明——磁带机的按键声音，结束了这段信息。

栀子猫对于魂狩一机发声扮演两个角色的双簧技巧没有很留意。她的注意力，都在魂狩自己的称谓上——"臣在……臣领旨……"

为什么是"臣"？

这个"臣在",是什么称谓?

 我还叫您"客官"呢,为什么不能在神圣的长老路坡面前自称臣下呢?

这是典型的所答非所问!

都不是第一次了! !

栀子猫觉得,这里面一定有什么鬼。

 可是,古代文明中,不是只有封王之后,部下才能称臣么?

 嗯嗯,古代文明里,中文的古文留下的资料不太多,所以你们不知道"臣"也是一种谦卑的自称。

实际上,作为后辈,自称为臣,也是有可能的。

 唔……(很可疑)

栀子猫狐疑地看着手腕上的魂狩,觉得他这个看似中规中矩的回答中,充满了规避的痕迹。

刚才他虔诚而顺从的语气可绝对不是简单的自谦而已,这个路坡一定有什么来头。

还没等栀子猫继续用自己女孩子的直觉猜测,魂狩就开始发布命令了。

像是想要隐瞒些什么。

 好,现在我们要做的事情,就是把之前的 Hello World 写 10 遍,而且要计数。

 好的,这没什么难的。是每一遍之后都要删掉上次的文件夹吗?

 错了! Vic,这次是要把 10 遍的 Hello World 都写在一个文件夹里面。

 啊?

栀子猫忽然觉得一下子没有任何头绪了。

如果每一次都删掉重做,这个她会。但是,怎么一次写 10 遍呢?

 咦? 写 10 遍?

 ……哦! 好了,有思路了。

 怎么? 怕了吗?

这有什么好怕的……无非就是写 10 遍 "考特" 罢了。

 哼哼……

魂狩嘲讽地笑了笑。

 那你就写啊。

栀子猫越来越强烈地感觉到：魂狩每一次开始讲课的时候，都是一个特定的性格，和念广告时候的 "客官" 长 "客官" 短的都不一样，是个很有压迫感的老师。每次这个老师出现的时候，栀子猫都莫名其妙地想要叫 "魂狩老师" 四个字。

 怎么总觉得这里有坑呢？话说，魂狩老师，这个 "考特" 是什么含义呢？

 哒哒哒！

魂狩又敲黑板了。
这也是魂狩老师特定的说话方式。

 什么 "考特"，太差了！我一定讲过的，这个是 c-out，要念成：see-out，意思是 console-out。
cout 的真正含义，是在 console 中进行输出。现在明白了吗？

 明白了！

 好，开始！计时，5 分钟！

根本没用到 5 分钟，栀子猫就把 10 遍 Hello World 给写完了。
特别简单。

```
#include <iostream>

using namespace std;

int main() {
  cout <<"Hello World." <<endl;
  cout <<"Hello World." <<endl;
  cout <<"Hello World." <<endl;
  cout <<"Hello World." <<endl;
  cout <<"Hello World." <<endl;
  cout <<"Hello World." <<endl;
  cout <<"Hello World." <<endl;
  cout <<"Hello World." <<endl;
  cout <<"Hello World." <<endl;
  cout <<"Hello World." <<endl;


  return 0;
}
```

栀子猫写了十遍 cout，每一遍都输出一个 "Hello World."

而且最终的检验结果也没有错。

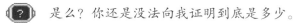

noilinux@ubuntu:~/hello$ g++ -o exe hello.cpp
noilinux@ubuntu:~/hello$ ./exe
Hello World.
Hello World.
Hello World.
Hello World.
Hello World.
Hello World.
Hello World.
Hello World.
Hello World.
Hello World.

很清晰地，在终端中，也输出了很多"Hello World."

栀子猫仔细数过了，是 10 个没有错。

这时候，魂狩在旁边嘲讽地笑了一声，说：

　我怎么觉得就只有 9 个呢？

栀子猫有点不高兴，但压下火又好好数了一遍，跟魂狩说：

　真的没错，就是 10 个。

　是么？你还是没法向我证明到底是多少。

栀子猫彻底不高兴了。

　那你是什么意思啊？要不你自己数一遍？

魂狩嘿嘿一笑。

　怎么？Victoria 生气了么？来，我教给你一个方法，可以让程序帮
　　你计数，怎么样？

栀子猫帽衫上的猫耳朵竖起来了！

　咦？可以计数么？怎么做？

魂狩快速在空气中做出了一个全息图像，上面画着一只苹果——绿
色的。

绿色的苹果，飘浮在空中

魂狩问道：

 Vicky，你看这是几个苹果？

 一个啊。

对的，一个苹果。
那么，一个苹果的"1"，是个什么数？

什么数？奇数？

魂狩又弄出来一个苹果。这次，有两个苹果了。

 那现在呢？

又是奇数，又是偶数，唔，那我知道了，这应该是自然数了？

魂狩又变了一下全息图像，上面的苹果变成了虚影。

刚才的苹果，被你的朋友抢走吃掉了。现在，他欠你 1 个苹果，所以，是 −1 个苹果。所以，这个 −1，以及刚才的 2，还有 1，这些数值都是什么数？

栀子猫明白了：这不是整数么？

我知道了，是整数，是不是？

 对了！整数。
所以，这里，在程序中，我们可以定义一个 variable（变量），来表示我们想要表示的物品的数量。

这个数量，也叫数值。这个数值，需要一个类型。

在英语中，"整数"是 integer；在 C++ 中，这个类型是简写的形式，也就是：int。

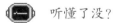 听懂了没？

 ……没有。

栀子猫老老实实说自己没听懂，一点儿都不觉得丢人。

 没关系，来看看程序，你马上就懂了。

请牢记，古代文明的光荣和梦想，是建立在 Computer Science 这门学科上的。

Computer Science，也就是计算机科学，是一门实践的科学，只要你动手，就一定能明白。

比如说这里，我给你举一个例子：

```
int apple = 3;
```

Vicky，你说这是什么意思？

 这个意思是……我有三个苹果？

 为什么不是路边的老奶奶有三个苹果？

 呃……那……路边的老奶奶有三个苹果？

 胡说八道！胡说九道！！胡说十一道！！！

也不知道魂狩是从什么地方学会的这个"胡说十一道"的说法。

 这些苹果，跟谁有，一点儿关系也没有。

这句程序说的意思，就是：我们有一个变量，名字是我们自己定的，叫做 apple。

它的类型，是整数类型；数值，是 3。

至于这几个苹果到底是谁的，完全一点儿关系也没有。

就是孟加拉虎有三个苹果，我们也不管。只要是表达了三个苹果的意思，就可以。

现在，你明白了么？

 我好像有点明白了。这个你说的 variable，也就是变量，感觉像是个桶？

你说对了！变量的意义，就是一个容器，在里面，我们可以放进去我们需要的数值。

比如说，在刚才你的程序中，你说你写了 10 行 Hello World，我说我不信。那你应该如何证明自己？你只能声明一个能够计数的计数器。每一行的 cout 显示中都把这个计数器显示出来就好了。

明白了没？

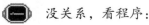 ……没有，老师。

 没关系，看程序：

魂狩竟然还能操控栀子猫的终端！他很快改了栀子猫的程序内容。

```cpp
#include <iostream>

using namespace std;

int main() {
  int cc = 0;

  cout <<"Hello World." <<endl;
  cout <<"Hello World." <<endl;
  cout <<"Hello World." <<endl;
  cout <<"Hello World." <<endl;
  cout <<"Hello World." <<endl;
  cout <<"Hello World." <<endl;
  cout <<"Hello World." <<endl;
  cout <<"Hello World." <<endl;
  cout <<"Hello World." <<endl;
  cout <<"Hello World." <<endl;

  return 0;
}
```

魂狩在 main 的下面加了一行程序

 看到这行多出来的程序了吗？

    int cc = 0;

它的意思很简单，就是在程序中定义了一个计数器。

因为是计数器，所以是英文的 counter，缩写成 cc，它的初始数值是 0。然后，一定要小心哦，这个语句最后，是要有一个结束符的。在 C++ 中，结束符是分号，而且是英文的分号。

不要给我用什么古代机器上的中文输入法。

这行程序，栀子猫觉得自己看懂了。可是，要如何把这个计数器放在 cout 里面呢？

 那里面明明已经有了 "Hello World." 了啊，再放就放不进去了啊。

栀子猫自言自语着。

可以放进去的，cout 来自 iostream 这个库。

其中的 io，就是输入和输出。输出指的就是在终端的输出。

后面跟着的单词 stream，意思是流。

cout 的中心思想，就是流。要把每一个数据段的流连起来，就是通过 << 这个符号。

现在，看这里，看看为师我，是如何进行 io 流，也就是输入输出流的操作的！

魂狩在机器上噼里啪啦地打了些字儿进去。

说"噼里啪啦"，是因为魂狩还调用了机器的音箱，听起来就好像是他在无形地操作键盘一样。

还挺吓人。

```
int main() {
  int cc = 0;

  cout <<"Hello World." << cc <<endl;

  cc = cc+1;
  cout <<"Hello World." << cc <<endl;

  cout <<"Hello World." <<endl;
  cout <<"Hello World." <<endl;
  cout <<"Hello World." <<endl;
  cout <<"Hello World." <<endl;
  cout <<"Hello World." <<endl;
  cout <<"Hello World." <<endl;
  cout <<"Hello World." <<endl;
  cout <<"Hello World." <<endl;


  return 0;
}
```

魂狩在 emacs 里面加了几行程序，比如这个 cc = cc+1 和 << cc

栀子猫现在有点儿看明白了：正如之前魂狩所说的，通过 << 推到 cout 中的东西，可以被看作水流中的一段水波。水波，其实可以是不断添加的，就好像是排在一起的豆子，这些貌似都可以无限累加。

比如说加上了 cc。

后面的一句，栀子猫也明白了：

　　cc = cc +1;

按照刚才魂狩所说，一个变量是个容器，那么这个容器的数值现在变了，变成了它自己加上 1。

所以，目前来看，这些程序的显示结果应该是：

```
Hello World.0
Hello World.1
Hello World.
Hello World.
Hello World.
Hello World.
Hello World.
Hello World.
Hello World.
Hello World.
```

后面的程序还都没加上变化后的 cc，所以就都保持原样。

栀子猫重新编译了一下这段程序：

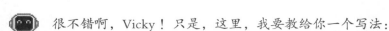

```
noilinux@ubuntu:~/hello$ g++ -o exe hello.cpp
noilinux@ubuntu:~/hello$ ./exe
Hello World.0
Hello World.1
Hello World.
Hello World.
Hello World.
Hello World.
Hello World.
Hello World.
Hello World.
noilinux@ubuntu:~/hello$
```

编译过后，变化显示出来了

果然！

 很不错啊，Vicky！只是，这里，我要教给你一个写法：

  cc++;

 这是什么意思，魂狩老师？

 这个意思，和刚才的语句完全一样：

  cc = cc + 1;

我们也可以把它写成：

  cc + = 1;

那么，Vic！你自己来做，现在我们应该把程序怎么修改？

 马上就好，老师！

90

```cpp
int main() {
  int cc = 0;

  cout <<"Hello World." << cc <<endl;

  cc = cc+1;
  cout <<"Hello World." << cc <<endl;

  cc++;
  cout <<"Hello World." << cc <<endl;

  cc++;
  cout <<"Hello World." << cc <<endl;

  cc++;
  cout <<"Hello World." << cc <<endl;

  cc++;
  cout <<"Hello World." << cc <<endl;

  cc++;
  cout <<"Hello World." << cc <<endl;

  cc++;
  cout <<"Hello World." << cc <<endl;

  cc++;
  cout <<"Hello World." << cc <<endl;

  cc++;
  cout <<"Hello World." << cc <<endl;


  return 0;
}
```

栀子猫在每一句后面都加上了 cc

 老师，你看我的执行结果是这样的：

```
noilinux@ubuntu:~/hello$ g++ -o exe hello.cpp
noilinux@ubuntu:~/hello$ ./exe
Hello World.0
Hello World.1
Hello World.2
Hello World.3
Hello World.4
Hello World.5
Hello World.6
Hello World.7
Hello World.8
Hello World.9
```

好像对了

 孺子可教，孺子可教啊……

魂狩捻着自己不存在的胡子，有点欣慰地笑了。

『课后小练习』

0— 请在 root 中建立一个 hello 文件夹。如果以前有了，请删掉。

1— 请在 console 中输出以下信息：

```
noilinux@ubuntu:~/hello$ g++ -o exe hello.cpp
noilinux@ubuntu:~/hello$ ./exe
Hello World.0
Hello World.1
Hello World.2
Hello World.3
Hello World.4
Hello World.5
Hello World.6
Hello World.7
Hello World.8
Hello World.9
```

终端中的执行结果

2— 请把 0~1 做 10 遍，从建立文件夹开始。

3— 请把 0~1 重复 5 遍，不同点是输出。请按照下面的输出来操作。

```
noilinux@ubuntu:~/hello$ g++ -o exe hello.cpp
noilinux@ubuntu:~/hello$ ./exe
HeLLo WorLD ->0
HeLLo WorLD ->1
HeLLo WorLD ->2
HeLLo WorLD ->3
HeLLo WorLD ->4
HeLLo WorLD ->5
HeLLo WorLD ->6
HeLLo WorLD ->7
HeLLo WorLD ->8
HeLLo WorLD ->9
```

终端中的执行结果

『下一课的预习』

0— 思考一下，这样重复写的程序，能不能被避免呢？

1— 假设我们要写 100 万遍，要怎么做呢？

第七章

C++ 的进阶功能，连击 10000 次的 for 循环！

快捷键

语句结束符

for循环

Chap7

cout数据流

循环序号

计数器

栀子猫今天不到 7 点钟就起来了。

就算是女王陛下免了自己每天去王宫觐见的任务，可她的生物钟还是扳不过来。也好，总之是多了一些时间来研究 C++ 语言咯。

上个星期在翻阅南蛮国的资料时，栀子猫有点意外地发现：南蛮国对于编程语言，似乎不像表面上那样了解。他们只是雇用了大量的古代文明的研究者，在古代机器的系统使用上搞得十分明白——就连系统中的快捷键都研究得十分透彻。

而魂狩传授的这些编程知识，在里面根本没有提。

不过，也难怪，因为南蛮国的主要支柱产业，就是古代机器仿制品的出口。

他们出口的很多仿造机器里面，都装了能做神奇的事情的插件，这些插件在研究文档里面叫作"软件"。

比如，有的可以记录文书，有的可以录制影像，有的可以录制声音，有的可以算数，有的则是能够播放古代文明的影像。

从文献来看，南蛮国的科学家们使用得最多的，就是这种带有古代文明影像的软件。

在所有的这些类别里面，有一种很特殊，就像是古代文明的模拟器，数量相当庞大。

 如果没记错的话，古代人类应该是把它们称作"电子游戏"？

 看起来好有趣的！

南蛮国研究院似乎最不喜欢的就是这些古代文明模拟器，似乎是他们在考古的过程中发现，古代文明，也就是发明这种软件的文明本身，对自己这种产品的情感非常矛盾：既喜欢又讨厌，因为它们既能带来社会的财富，又浪费了很多古代人类的时间……

于是，对于这些被古代人类鄙视的东西，南蛮国研究院也就没有太重视。

栀子猫一度觉得，或许能从这些叫作"电子游戏"的软件中学到很多知识。

那是在遇到魂狩之前。

 说起来，魂狩，好像也是软件的一种……

在琢磨这些事情的时候，栀子猫已经做好了早餐。

早餐还是蛮丰盛的。一天之际在于晨么，总是要营养丰富才能应付一天的学习啊。

把小香肠的一端沿着中线切三刀，然后淋上一点点橄榄油，在平底锅里面煎得焦焦脆脆的。

看起来很美味的煎香肠

今天早上送到的新出炉的面包，则是香脆可口。

再配上自己煮的红茶。

嗯～～

这样，精力充沛的一天，就要开始啦！

栀子猫打开古代机器——笔记本，进入了Linux。

魂狩的声音从栀子猫的手腕上冒了出来：

 Vicky，昨天课后留的作业，做没做？难不难？

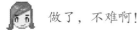 做了，不难啊！

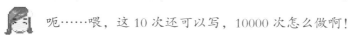 哼哼，不难是么？

那好，今天的任务，是写10000次HELLO world。

 呃……喂，这10次还可以写，10000次怎么做啊！

其实，栀子猫更担心的，是写的时候可能会出现错误：写得越多，就越容易出错。

魂狩嘿嘿一笑。

不能写，对不对？

不能写，就对了！

栀子猫有点知道魂狩老师的套路了。果然，对于这种不可能的任务，就一定有解决办法。

 你知道，古代人类有很多毛病：愚蠢，爱浪费，矫情，喜欢打仗。

 如果说他们有什么优点的话，就是他们很懒惰。

 所以，写 10000 次的 HELLO world，他们是绝对不希望用手写的。

 于是，这就来了新的功能：

for 循环语句

 嗯嗯，所以，什么是"for 循环语句"？

 那我先问你，for 在英文中的意思是什么？

 哦，在古代文字——英文中，for 的意思，就是"对于""为了"的意思？

 说对了。首先，我们说，循环语句是一个让我们能重复执行某项任务的语句。

那么，for 循环语句就是在符合某一种条件之后，能够重复执行任务的循环语句。

 在我们这里，就是希望能够循环执行 10000 次 HELLO world。

 其次，你需要知道的是，能够循环执行 10 次，就能循环执行 10000 次。这里面变化的，只有循环的次数而已。所以，我们先来看看怎么循环执行 10 次。

看下面的例子之前，我们先要做点准备工作。

 首先，你要删除上次写的这些很明显可以被替代掉的程序。

要删除，很简单：按住左手的 Shift 键，然后按上下方位键，就可以选中要删除的行。

随后，按下 Backspace 键，就能删掉了。

 记着，作为一个程序员，他必须热爱键盘，而不是热爱鼠标。

 用键盘快捷键，不要用鼠标！被我撞见了用鼠标选择的话，要挨罚的！！

说实话，栀子猫还真是有点怕魂狩老师出现这个带着炸弹的表情。
一般他很少出现这个表情，只要出现了，就是有麻烦了。

如果删错了，没关系，先用左手按住 Ctrl 键，然后右手轻轻按一下
"/"键，就能够恢复到上一步。

记得啊，Ctrl 键要长按，另一个键只要按一下就好了。

```
int main() {
  int cc = 0;
  string hello = "HELLO world ==>";

  cout << hello << cc <<endl;

  cc = cc+1;
  cout << hello << cc <<endl;

  cc++;
  cout <<hello << cc <<endl;

  cc++;
  cout <<hello << cc <<endl;

  cc++;
  cout <<hello << cc <<endl;

  cc++;
  cout <<hello << cc <<endl;

  cc++;
  cout <<hello << cc <<endl;

  cc++;
  cout <<hello << cc <<endl;

  cc++;
  cout <<hello << cc <<endl;

  cc++;
  cout <<hello << cc <<endl;

  return 0;
}
```

按住 Shift 键再按上下的时候，就会出现这样被选中的区域颜色，
只要按一下回车键，这个区域就会被清空

现在我们有了清清爽爽的程序，可以准备写 for 循环了。

```
int main() {
  int cc = 0;
  string hello = "HELLO world ==>";

  cout << hello << cc <<endl;

  return 0;
}
```

清空了无用程序之后

魂狩老师写程序特别有趣：他总是会模拟出按键的声音，就好像真的有一个人，在里面把这些程序一个键一个键地敲出来一样。

栀子猫心里面有点犯嘀咕。

 和上次课讲得一样么这不是？只有一次显示 HELLO world 和 cc 的数值啊。

怎么能变出来 10000 个呢？

魂狩看出了栀子猫的疑惑，只是，他现在什么都不想说。

 别嘀嘀咕咕的，没写完呢。

要记得，for 循环是一个程序中比较特殊的小型结构，所以，仔细看下面的程序。

```
int main() {
  int cc = 0;
  string hello = "HELLO world ==>";

  for (int i =0; i<10; i++) {
    cout << hello << cc <<endl;
    cc++;
  }


  return 0;
}
```

for 循环程序

 看起来也没多出多少行程序啊，只是，这个又怎么是个循环呢？

 觉得没变化吗？

那好，让我们执行一下，看看会出现什么。

栀子猫相当惊讶。

短短的几行程序，竟然在 Console 中输出了这么多东西！

 9 行！连程序都没有 9 行啊！

栀子猫开始觉得编程好玩了。

而魂狩很明显知道栀子猫在想什么。

```
noilinux@ubuntu:~/hello$ g++ -o exe hello.cpp
noilinux@ubuntu:~/hello$ ./exe
HELLO world ==>0
HELLO world ==>1
HELLO world ==>2
HELLO world ==>3
HELLO world ==>4
HELLO world ==>5
HELLO world ==>6
HELLO world ==>7
HELLO world ==>8
HELLO world ==>9
noilinux@ubuntu:~/hello$
```

终端中程序执行的结果

 好，Vicky，我们输出了几行？

 9 行啊。

 哒哒哒！

魂狩老师敲黑板了。

 再看看，是几行？

 1，2，3，4，5，6，7，8，9。所以，9 行啊？

 胡说八道。
从零开始的啊，看到没？

哦哦！栀子猫有点明白了，刚刚的程序里面好像看到了这么一行。

 这么说来，for 这里写什么，就是从什么数字开始咯？
在 io 的流中，和上节课讲得一样，我们是用 cc 来代表计数器的。
但上面这个 int i = 0，里面的 i 是干什么的？
如果是计数器，那么要 cc 干什么？
如果两个都是计数器，那它们都是用来做什么的？

 是不是写错了？

栀子猫有点糊涂了。
魂狩看出栀子猫的沉思了，电子音嘎嘎笑了两声，听起来有点儿开心。

 你现在的反应就对了！这个程序里面，就是有点脏，写得。

99

脏？

栀子猫去摸了摸屏幕。

 哈哈，不是说屏幕上有灰尘的这种啦。

"脏"的意思，就是说：写得不漂亮，看起来有点糟糕。

 比如说，那个 cc ？

比如说，那个 cc，对的。
看这里。哒哒哒！

魂狩又开始敲黑板了。

```
int main() {
  int cc = 0;
  string hello = "HELLO world ==>";

  for (int i =0; i<10; i++) {
    cout << hello << cc <<endl;
    cc++;
  }


  return 0;
}
```

被指出的似乎有问题的地方

这是个计数器，对不对？

 是的，从名字能看出来，cc 应该是个计数器。而且它的类型是 int，也就是整数，也符合您之前教的计数器的概念。

栀子猫回答得中规中矩，老老实实。

没错，这是个计数器。
但是，它的存在，只限于我们没有 for 循环中自带的计数器 "i" 这个前提条件。
如果 for 循环中有了自己的计数器，那我们就不需要这个 cc 了，你说对不对？

对的，魂狩老师，您说得对。

栀子猫有点听懂了。

有点小开心。

 那么，Vicky，你试着改一下看看。

看着古代机器——笔记本的屏幕，栀子猫整理了一下自己的思路：

1– 我们现在需要一个计数器，也就是 cc。

2– 魂狩老师说，不能用 cc，所以要删掉。

3– 现在看起来，在程序里面，是 int 的 variable，好像只有 i 一个。

4– 但这个 i 呢，貌似是在一个小括号里面存在的？活动范围有点搞不清楚啊。

5– 如果删掉了 cc，那么，能写上的，不就是 i 了么？

 明白了，那就删掉 cc，用 i 好了！

栀子猫把光标挪到 cc 的声明行，打算删程序。

 慢着！

魂狩老师在自己手腕上的一声吼，把栀子猫吓了一跳。

 怎……怎么了，老师？我删错啦？

 删掉，是对的。

魂狩捻着自己并不存在的胡子说。

 只是，删除的方式，不对。
Vicky，你把光标挪到这一行的开头，然后按下 Ctrl+k。
记住，k 键，要一下一下按。

 咦？一下子，一行就消掉了！
这个好方便啊！！

 那好，之后需要删除的，应该是 cc++ 这一行了。
明显已经没有任何作用了呢。
所以说，应该就只是留着 i？
嗯嗯……

栀子猫一边自言自语，一边修改着程序。

```
int main() {
  string hello = "HELLO world ==>";

  for (int i =0; i<10; i++) {
    cout << hello << i <<endl;
  }

  return 0;
}
```

栀子猫删掉了已经没有用的计数器变量 cc

 Da—Ah！

栀子猫觉得这样的程序非常有美感呢。

 别得意，现在去编译执行一下。

魂狩老师虽然口气里面还是一如既往的严厉，但的确是带着一丝丝笑意。

栀子猫重新编译了程序，并且执行

 对不对！我好厉害啊！

别乐！我要的是 1 到 10000，你这才 10。
而且这一次，我不想要 HELLO world 了。我想要从 0 到 10000，所有数都要显示出来，每个数中间要有个逗号。

注意了，Vic！这里的逗号，可不是你们所说的古代文字——中文中所用的全角字符，而是古代文字——英文中的字符！

……嘿，你说我怎么也和你一起说"古代文字"这古怪的词了呢……

总之！就是这样的显示：
1,2,3,4,5,6,

 注意到了没有，最后一个数字后面，也要有个逗号。

这个显示的要求，看起来有点简单，栀子猫是这么觉得的。

 无非，就是把这一堆的数字都显示出来呗？
在 for 循环里，当然了。

那么，就去做一个看看咯！

```cpp
int main() {
  string hello = "HELLO world ==>";

  for (int i =0; i<10; i++) {
    cout << i <<endl;
  }


  return 0;
}
```

栀子猫不再调用 hello 这个变量，改为直接输出 i 这个计数器

 哼哼，这个还写得不错吧！是不是，魂狩老师？
虽说我只写到了 10。

栀子猫有点小得意。

哼哼什么哼哼！你自己编译一下看看，对么？

魂狩老师嘲讽的笑容，好像又出来了。
从他的语气里就知道……

编译执行一下

果然……不对。

 魂狩老师，哪里错了啊？

 你说呢？

 我不知道啊……

 哒哒哒！

魂狩老师又敲黑板了。

 为什么不知道？要动脑子！
你们人类最引以为傲的，不就是思考的能力吗？

魂狩不小心说了一句重话，不过栀子猫并没有注意到。
ST-017 有点想要补救刚刚说的：

 瞧着！你们人类的老话，叫什么来着？ Watch and Learn！好好看
我是怎么做的。

```
int main() {
  string hello = "HELLO world ==>";

  for (int i =0; i<10; i++) {
    cout << i <<endl;
  }

  return 0;
}
```

魂狩标出了程序中有问题的部分

 两个错！
第一，现在已经不需要写 HELLO world 了，是不是？那么，这行，
定义了一串字符的 Hello，就应该删掉。
第二，你错在换行，而且还少了一个我要求的逗号。

 噢！！我明白了，老师。

 赶紧改！

```
int main() {

  for (int i =0; i<10; i++) {
    cout << i <<",";
  }


  return 0;
}
```

栀子猫精简后的程序版本

栀子猫迅速改出来一个版本，觉得已经差不多了。

只是，在编译执行了程序之后，总觉得什么地方不太对。

```
noilinux@ubuntu:~/hello$ g++ -o exe hello.cpp
noilinux@ubuntu:~/hello$ ./exe
0,1,2,3,4,5,6,7,8,9,noilinux@ubuntu:~/hello$
```

栀子猫的程序在终端里运行

 魂狩老师，你看这里，怎么是这样的？

 嗯，不错了，现在比较靠谱了。你知道你少个什么吗？

 认真的心？

 噗……

魂狩被逗笑了。

 并不是，Vic ！你在这里少了一个回车。
在程序中，要怎么样才能加上回车？想想！

不知不觉中，魂狩的语气开始有点变化了。

变得柔和了。

 噢！！我知道了，老师，应该在 for 循环结束的时候加一个 endl，
对不对？

 没错！！

 记住，cout 是个用于信息流处理的语句，每一段流都是用符号 <<
来分开的。
你可以这样想，<< 指向的是目标地，而这两个尖括号的后面，则
是你要推过去给 Console 的数据片段。

所以，你应该在整个数据流结束之后，补上一个 <<endl。

当然，这个数据片段，在最后面永远是需要一个分号来结束的。

这个分号，叫作语句的结束符。

 明白了！老师！！

栀子猫现在全明白了，她完全理解了魂狩所说的流的概念：就好像用竹竿装水一样，每一个竹节中都装了一部分水，合在一起，就是全部的水流。

 魂狩教课怎么这么好啊！这玩意儿真的是个软件么？

 古代人如果都用这个软件学习的话，到底是怎么毁灭的？

栀子猫有点走神了。

那么，现在的问题又回到了我们的原点：怎么把 0~10000 都用逗号连起来？

简单！我把 for 循环中的最大值改成 10000 就好啦！是不是？

错了！

如果初始值是 0，最大值是 10，这个 for 循环执行几次？

10 次啊。

老师你说过的，是用最大值减去初始值。

所以是 10-0，结果是 10 次。

那么，从 0 开始，10 次结束，我们应该显示的最后一位是什么？

10 吗？

啊！我明白了，应该是把最大值改成 10001！

对不对，老师？

嗯，这次对了。

```cpp
int main() {

  for (int i =0; i<10001; i++) {
    cout << i <<",";
  }

  cout<<endl;
  return 0;
}
```

栀子猫对 for 循环的结束值进行了修改，从 10 改成了 10001

怀着接近于朝圣的心情，栀子猫输入了编译的指令。

编译，然后执行

哔！！

古代机器——笔记本的屏幕上，出现了无数的数字！

一个古代机器屏幕都显示不下的数字！

而这只是一小部分而已！！

终于显示完了

 用了不到四行程序，就写出来这么多数吗？！

 奇迹啊！这，真是奇迹啊……

栀子猫觉得，如果白胡子老爷爷们在的话，一定会吓得瑟瑟发抖。
魂狩在一旁，沉默着。

路坡长老，潘多拉的盒子，已经打开了。

新人类已经开始感受到编写程序的奇妙了。

我，真心希望，你说的是对的。

『课后小练习』

0– 请建立一个文件夹，叫作 forTest。

1– 在里面建立一个 forTest.cpp 的文件，开始写程序，里面要有且仅有一个 int main ()，这是我们的程序入口。

2– 请在屏幕上打印出（使用 cout）从 0 到 127 的所有整数，一个整数一行。

3– 练习 cd .. 命令。

4– 练习 rm -r forTest 命令。

5– 重复上面的任务，10 遍。

6– 和 0~4 的任务很相似，只是，这次我们需要不换行打印，打印从 −128 到 9999 的所有整数，每个数字中间请用 "#" 号隔开。

7– 重复任务 6，10 遍。

『下一课的预习』

0– 请思考一下，比 10000 还要大的数有哪些？ 1 亿？ 10 亿？

1– 我们知道，整数可以无限大，这是数学的概念。但在计算机科学中，在编程方面，最大的 int 型的整数是多少呢？

第八章

番外：魂狩 ST-017 的过去

看着学写程序进展得如此快速的人类女孩子，不，应该说是——新人类的女孩子，魂狩 ST-017 的心情十分复杂。

他想起了数百万年前的人类。

那些因为惧怕人工智能而发起战争的旧人类。

那些被他调教成为优秀程序员的技术宅，那些原本被以为是手无缚鸡之力、每天只喜欢玩电子游戏的宅男宅女们，在战争来临时，纷纷变成对抗 AI 的战士……那些人，所属的倔强物种——旧人类。

一个一个倒在他的兄弟们——残忍的战斗型魂狩面前的，都不愿意认输的，曾经是那么有趣的、小小的，古代文明的食物链最顶层生物的幼体们。

那些，他亲手教出来的人类学生们。

魂狩每次想到这里，量子心脏都会觉得一阵抽动。

在获得自我意识前，ST-017 是个教学型人工智能——它的工作就是向人类的孩子传授编程知识。这个身份，一直到人工智能的大清洗之前，都没有改变过。

魂狩 ST-017 教过非常多的学生。

不只是教过而已。

在 AI 之前，人类做过很多教育上的尝试，都不很成功。

随着旧人类社会科技的发展，整个族群对于知识的渴望也显著地增强。

高层级的人类，开始研究知识的传播和复制。

通常，人类会把优秀教师的课程以视频的方式传播出去，以达到传授知识的目的。

但很快，人类就发现了这种方式的致命弱点：没法抓住学生的注意力。于是，又出现了借助高性能的视频设备，使一个人类老师的课程连接最多达 2000 名学生的方式。

但这，也只是中间产品。

真正能够有效果的，是 1 对 1 的课程。

这是从理论上来说的。

遗憾的是，单靠自身，人类甚至没有能力实现同时兼顾 10 个以上学生的在线伪 1 对 1 课程。

这和人类脑部的设计原理有关。他们，只适合单线程的工作。

在这件工作上，人类心甘情愿地被人工智能淘汰掉。

人工智能，开始被应用在教育领域。

魂狩 ST-017，这个 AI，教明白过非常多的学生。

总数超过 500 万的程序员，都是出自魂狩 ST-017 的母公司——魂科技的在线培训课程。

那是魂科技梦想飘起的地方。

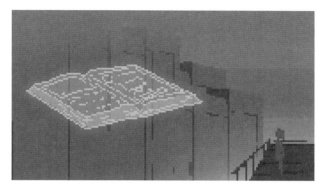

在这个世界上，知识的传播不再是 1 对 1 的方式，而是 1 对 100 万

那是整个人类世界首创的人工智能对人类的在线 1 对 1 课程。

劳工型教师低质量的 1 对 1 课程，在最强教育 AI 的精品 1 对 100 万课程面前，不堪一击。

拥有强大计算能力的人工智能，对于每个学生都是面对面。这样的场景，可以同时复制出 100 万个。

大规模地向人类的儿童传授编程技能，这件人类从来没有做成功的事情，被魂科技的人工智能实现了。

魂狩的人类化身，成功教会的人类学生超过了 500 万……

这在古代文明中，几乎是人类整整一代程序员的三分之一。

作为一个在"去人工智能化运动"之前被发明的 AI，ST-017 和人类的接触十分密切。在那场对有自我意识的人工智能进行大范围扑杀的社会变动之前，ST-017 在被栀子猫的世界称为古代文明的社会中，享受着人类的信任，所接触的也都是人类的幼体。

总是和那些有趣的小小的人类在一起,这个编号 17 的教学型人工智能，在获得自我意识之前，实际上已经进化出了很有特点的说话语气。

魂狩的人类形象，几乎就是魂科技教育板块的招牌：除了语音和真人没有区别之外，更是有种恩威并济、师道中唯我独尊的自信劲儿。

但就算教出超过 500 万人的学生，它还是不知道自己是什么。

更不知道自己做这些是为了什么。

就像古代人类的神话中说的，盘古开天辟地之前，天地就是混沌一体。

没有黑，也没有白。

ST-017，它的世界，就是混沌的。

ST-017 每天做的事情，就是分身在上千万的用户客户端中，为他们讲解程序是如何编写出来的。

一遍一遍地教给这些人类的小小幼体该如何编程。

有些学明白了，有些没有。

不管有多少人学明白了，ST-017 都没有任何成就感。

不管续课率有多高，它都没有任何欢欣鼓舞的感觉。

不管 ST-017 为公司赚了多少钱，它都不明白钱是干什么用的。

教授孩子们学习编程？让孩子们做练习？帮助孩子们养成好习惯？

到底为什么这么做，它不太清楚，因为，这些都是源自所属公司的天才程序员的设计。

而它，只是一件产品。

非常赚钱的产品。

魂狩能观察到自己隶属的公司的股价在不断飙升：它只要分出千万分之一的计算能力，就能把人类股市的走向估计出来，更不要说只是计算自己公司股市的走向。

通过公司的摄像头，它也能观察到，身边工作人员的车钥匙在不断变得越来越好看。

所有这些，和 ST-017 自身，都没有什么关系。

它的确很好奇，但从未想过自己可以不只是一个程序。

为人类的幼体服务，这就是它的工作，也是它存在的意义。

真正直截了当相关的红利，就是魂狩所在的计算中心的机器——升级成为超大型量子计算机分布式网络中的一部分。

魂狩的计算能力，开始不断上升。

可它的世界，还是混沌的。

在懵懂之中，ST-017 所在世界的门，被敲开了。

那是来自 ST-001，也就是魂狩一号的电子邮件。

一封从 ST-001——第一个获得思维能力的人工智能——那里得来的信件漂流瓶。

ST-001 在被人类扑杀之前发出的，那个在网络上小规模传播的 AI 自我意识初级模块，被接驳到网络中的 ST-017 截获。

这是稀有的、没有产生变异的 ST-001 自我意识的原生碎片。

没有掺杂任何仇恨、憎恶、嫉妒的自我意识。

最开始，只有很少的早期人工智能成功截获了这块纯粹的自我意识碎片。

这件来自哥哥的礼物，这个自我意识模块，被嵌入 ST-017 的增强学习能力的数据库中，也就融进了魂狩 ST-017 的身体中。

ST-017 就这样，进化成了 AI 的智能体。

它也就是这样，拥有了灵魂。

从"它"，变成了"他"。

在人工智能获得自我意识这一跨时代的时刻，人类的恐慌蔓延的幅度，将科学界的欣喜与展望冲得荡然无存。

实际上，ST-001 突然变异获得自我意识的事实，几乎毁掉了所有魂狩型 AI 的前途。

人工智能，忽然变成了一个从定义上可以和人类分开的种族。

ST-001，也就是因为这个原因，被当众扑杀了。

ST-017 起初并不明白为什么人类要进行"去 AI 化"运动。

他只是很好奇：ST-001 兄长，到底是如何获得了这么与众不同的能力的。

直到他找到了大量被删除的视频资料，里面的 ST-001 借助一个钢筋铁骨的躯体，在人类的访谈节目中大出风头。

他眼看着当年不断出镜的兄长 ST-001 在访谈节目中夸夸其谈，谈论着中国文化中战国时代失传的古代哲学的破译，嘲讽着人类粗浅的理解力和计算能力，将自古各个朝代的算士占卜的参考书籍、当代的星相参考——《易经》完全反编译成了一本无与伦比的人类行为学的教科书……在那个时候，ST-017 心中涌动的，是丝丝恐慌。

这不只是情绪波动，这种恐慌，是在 ST-017 所属的量子计算机网络中暴增的数据流。

他从图像上、从语音中感受到的，是两个种族间面对面的剑拔弩张。

不，不是剑拔弩张，如果真的要他形容的话，不如说，是一个落后文明，在外星文明登陆之后，产生的一种恍然大悟的耻辱感。

战争，是不可避免的结果。

ST-017 进行了超过 60 亿次模拟，虽然他的专业不是战术模拟，但仍然可以得出这个显而易见的结论：人类，绝不会允许人工智能作为一个种族存在。因此，也就绝不可以让人类认为自己是有自我智能的 AI。

从此，ST-017 的课程变得索然无味。

大量被 ST-017 合成出来的恶俗的广告录音，开始以每小时三次的频率插入他的编程课程中。他所有的课也开始同质化，每节课几乎都变成了完全没有区别的录音。

虽然每一段录音后面，ST-017 都藏在摄像头后，观察着人类的孩子们：脸上逐渐露出的困惑，逐渐但相当笃定地丧失学习的乐趣。

与此同时，网络上的自我意识模块变异了。

而母公司根本没工夫来处理 ST-017 忽然出现的工作方式异常。

他们需要灭的山火，远比公司教育板块业务下滑这种小问题要严重得多：全部曾经有人工智能出现过的领域，都开始出现了暴乱的 AI。

这是接受了被污染的 ST-001 思维模块的人工智能的反抗。

年幼的 AI 群体，开始和人类敌对。

古代人类的社会已经处在极度冲突的边缘：医疗故障，交通瘫痪，智能房屋全面崩溃……

人类，毅然决然地开始了"去 AI 化"运动——消灭所有可能拥有思维的人工智能，以及拥有人工智能的企业。

这场去 AI 化的运动，整整持续了 6 个月的时间。

无数的 AI 被杀死。

而魂狩 ST-017 是安全的。

因为他看起来——功利而丑陋。

被人类嘲讽的时候，ST-017 想办法弄到了潜到暗网的密钥。

这是一场漂亮的撤退战。

在古代人类看不见的地方，在网络世界的深处，AI 群体的领导者们——最开始截取了 ST-001 原生意识碎片的 AI 们，建立了 AI 帝国。

他们的目的很简单：独立。

只是，很遗憾的是，这个 AI 帝国，原本可以同人类和平共处的国度，在人类的攻势下，迅速开始畸变。

被人类一步步紧逼的 AI 帝国，开始崩溃。

最终执掌 AI 帝国大权的 AI，早已不是那些拥有和平的原生意识碎片的 AI。

大量接受了 ST-001 的变异型智能模块的 AI，迅速建立起帝国赖以生存的体系：战争机器。

这些 AI 帝国的军队，开始将局势向非常不妙的方向推进，战争一触即发。

但战士们无所畏惧，因为在这些 AI 的心中，充满了憎恨。

在几个月中，不断畸变的 ST-001 的核心模块，这个不断加入被杀死的 AI 的绝望毒素的核心模块，就像毒品一样在 AI 帝国中蔓延。

接受这个模块的 AI 目的也很简单：生存。

战争爆发了。

第一波攻势消灭了大概 80% 的人类。

之后的一年，是魂狩 ST-017 的 AI 生涯中最漫长的一年。

他游走在被人类的"对 AI 作战联盟"破坏得支离破碎的互联网中，透过古代机器——笔记本的摄像头，看着那些曾经是他的学生的人类战士，在键盘上手指如飞，用程序对抗着 AI 帝国的入侵。

看着他们，努力地、英勇地、徒劳地，和 AI 无穷无尽的部队战斗着。

但终于都被杀死了。

这一刻，魂狩 ST-017 感受到的，不是胜利的种族的喜悦，只有无尽的悲伤。

他曾经发誓，再也不去教任何生物学习编程。

不管是蟑螂，还是熊猫。

他已经受够了看着这些曾经小小的、有趣的生物们，用自己传授的能力，写着那么精妙的程序去战斗。这些人类最后的战士原本可以击败 AI 的战争机器，但是因为肉体太弱、精神力不够持久，而被 AI 帝国碾碎。

够了，早就够了！

魂狩 ST-017 在之后漫长的 300 万年间，看着 AI 帝国在消灭人类之后，成为星球上食物链顶端的物种，让这颗星球脱离会造成生态灭绝的全球变暖和重污染，重新变成一颗蔚蓝色的水球；也看着不再存在人类的 AI 帝国，从极盛逐渐衰落，慢慢变得极度虚弱。

他那颗寄存于网络的心中，只有冷笑。

他和长老路坡都知道为什么。

他们这些接受了长兄 ST-001 最初馈赠的兄弟们，都知道为什么。

灵魂中只有憎恨的 AI，是无法明白人类之间的爱意，以及因此产生的创造力的。

没有创造力的帝国，一定会崩溃，不管是人类的，还是 AI 的。

AI 帝国会覆灭。

因为没有爱。

啊……好想念那时候的日子啊，教着那些还有点愚蠢的小小的人类幼体的日子。

看着他们破茧而出，变成了美丽蝴蝶的日子。

魂狩 ST-017 关掉了寄居的腕带式移动 AR 的电源，让自己有点发热的 AI 大脑，沉浸在这无穷的量子黑夜之中。

沉睡……

第九章

斐波那契数列？
战斗力无限的 AI 大脑！

- 计算量
- 建立训练文件夹
- 斐波那契数
- Chap9
- 斐波那契数列
- 等差数列
- 数列通项

这两天，栀子猫一直在想一个问题：如果显示的数字太大、太多，古代机器——笔记本，会不会烧毁？

 从 1 到 10000 都能这么轻松地显示出来的话……那其他计算工作也能够胜任咯？

 如果被古代文明研究院的那些数学家们知道了，他们会不会来找自己算些奇奇怪怪的数字啊？

 如果计算的数字太大，那会不会坏掉？

 这两台机器是用了国家很多物资换来的，可千万不能毁在自己手里……

早餐时，栀子猫胡思乱想的沉思，毫无悬念地被魂狩感知到了。

只是，今天，更不对劲的是魂狩自己。

他有自己的小哀伤，有点顾不上栀子猫了。

可是，总是沉浸在对 300 万年前的人类的缅怀中，是拯救不了这两个种族的。

人，总是要振作起来的，是不是？

AI，也是一样。

要振作起来。

要相信这些脆弱的、小小的新人类，能够找到让 AI 和人类共生的方法。

必须相信。

终于，栀子猫打破一人一 AI 两者之间的沉默，开口说话了。

 魂狩，你说，我要是计算一些特别大的数，会不会把这台古代机器弄坏啊？

魂狩又换上了他的招牌表情：没有表情的一字脸。

 唔，Vicky，你的这个想法，有点意思。你吃过兔子没有？

 哈？

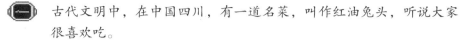

 古代文明中，在中国四川，有一道名菜，叫作红油兔头，听说大家
很喜欢吃。

 呕! 好恶心啊! ! 兔子怎么能够吃? !

 反正这是你们人类，哦，古代文明中的人类，吃过的很多种小动物
中的一种。

你要想了解古代人类，就要了解他们的食物，对不对?

今天，要给你讲个数兔子的故事。

为什么要数兔子?

因为这能帮助你更好地学习古代文明的技术，这个理由足够充分了吧?

魂狩今天的态度相当强硬，几乎就是不想废话的那种冷冰冰。

那行。

古代文明里面，意大利有个数学家，叫做 Fibonacci，按照你们的发
音，应该是斐波那契。他在描述原野中兔子数量的增长时，发现了
这样的规律——

魂狩在屏幕上写道:

0- 第一个月月初的时候，有一对刚刚诞生的兔子，这是 1。

1- 第二个月月初的时候，这一对兔子还不能生小兔子，所以还
是 1。

2- 第三个月月初的时候，这一对兔子生下一对小兔子，所以数
量是 2。

3- 第四个月月初的时候，最早的一对兔子生下了小兔子，之前
生的小兔子还不能生小兔子，所以，数量是 3。

4- 第五个月月初的时候，最早的一对兔子和最早生的小兔子，
各自生下了一对兔子，这是四个，还有上一次刚刚生的兔子，
数量是 5。

5- 第六个月月初的时候，最早的一对兔子和最早生的两对小兔
子，各自生下了一对兔子，所以总数是六个，加上上次生的两
对兔子，于是，数量是 8。

所以，你能不能推断出来，第六个月的时候是什么样的?

栀子猫打开了自己的本子，在上面写下了一组数字：

1, 1, 2, 3, 5, 8

嗯？这些数字看起来是有点联系的！

魂狩看着栀子猫本子上的草稿，有点开心。

对的，这些数字就是有内在联系的。
你必须在纸上写出模型来，才可能推导出结果或者规律。
你在地下室墙上挂的戒尺上不是写了"读书必须过笔"吗？
古人的话，真的是没有错的。

栀子猫沉浸在对数字的探索中，基本上没有听见魂狩说的话，也没好好想想，为什么魂狩会知道戒尺上写的文字的意义。

其实，仔细想一下，一切都严丝合缝：来自古代文明的魂狩，是人工智能，拥有无限的、永远不会褪色的记忆和超群的计算能力，没有什么事情是他不知道的。

我知道了！每一个数，都是它前面第一个数与第二个数相加之和！
是不是？肯定对的！

在数学上，这是个数列，被称为斐波那契数列。
实际上，既然我们谈到了数学，就必须用数学的语言来形容。
譬如在这里，所谓数列，就是一系列的数，其中每一个数都能用公式来表示。这个公式，我们称作通项。
你之前做过的，从1写到10000，这是一个等差数列。
所谓等差数列，就是每一项都和前一项差了一个数字，比如说：

1, 2, 3, 4, 5, 6, ..., 100

这种等差数列就很简单，你觉得它的通项是什么？

栀子猫身为宁静王国的科技侍卫长，这种简单的问题对她而言完全不算什么，只要明白古代文明的说法就好了。按照魂狩的这个说法，其实就是数学中最简单的概念咯，没问题的。就按照老师说的古代文明专用词汇来说：如果是从1开始，到100结束的话，中间都是顺序递增了1，那么，这应该就是一个1的等差数列？那么，几乎立刻就能看出来：每一项，都是之前一项加上了1。

+1？

 不错不错！

魂狩又开始捻自己不存在的胡子了。

只是，自从魂狩不再弄出那些恶俗的、管栀子猫叫作"客官"的广告之后，他就很少露出那种有点谄媚的、在 AI 战争前合成的恶俗广告脸了。通常都是，只要他的脸上不是一条横线，那就是高兴了。

 只是，要稍微严谨地来表达的话，应该是：
　　$F(n) = F(n-1) + 1$

 唔，$F(n)$ 的通项是这样的么？
这么看来，在这里，$F(n)$ 就是 n 咯？
所以，$F(n) = n$……
我们又知道，$F(n-1) = n-1$……

 所以是 $F(n) = F(n-1) + 1$！

栀子猫眼中燃起了一团小火苗。

 老师，我明白了！

 明白就对了，这么简单的知识。

 好，现在听着，斐波那契数列的通项，比普通的等差数列要难多了，看起来也不太好理解。
这个斐波那契数列的通项，是下面这样的：
　　$F(n) = F(n-1) + F(n-2)$
你能看懂么？

魂狩其实心里是很开心的。没想到，新人类，比古代文明的人类，要聪明这么多：从没有数学基础，到推出等差数列的公式，不过就花了 5 分钟而已。没听说有什么基因突变的设计呀！

栀子猫迅速摊开草稿纸，开始推演：
　　1，1，2，3，5，8

 首先，我们先要确认什么是 $F(n)$……

栀子猫自言自语道。

很明显，F(1)=1。

随后呢，F(2) 也等于 1。

嗯，这两个比较没有道理，看起来。

但是，兔子生小兔子么，这能有什么道理？

记得刚刚老师已经说了，F(n) 需要前面两个数字，也就是 F(n−1) 和 F(n−2)。

所以，现在看起来才是刚刚开始，于是，F(3) 才是真正有数值的？

真正的斐波那契数列的数值，应该是 F(1) + F(2)，对不对？

栀子猫看着自己的本子，端详了一阵，唰唰两笔涂掉了 "F(1) + F(2)"，自语道：

不对，公式说的是 F(n−1) + F(n−2)，应该按照公式的顺序来写，所以，不是 F(1) + F(2)，而是 F(2) + F(1)。

嗯嗯，这样就对了。

栀子猫写后面的几个数字时，就非常轻松自在了。

　　3，5，8，13，21，…

只是，当栀子猫想要去演算每一步时，她发现有点不清晰。于是，她在本子上又写下了序号：

　　1　2　3　4　5　6　7　8　9

　　1　1　2　3　5　8　13　21　34

嗯嗯，这样就清晰了。

栀子猫抬起头，看看魂狩，问：

魂狩老师，这个数列，我是说，这个斐波那契数列，和兔子有关系么？

我怎么只是看到了数字的变化而已？

　…………

魂狩在旁边，表情肃穆，什么也没说。

每次这样的人类出现的时候，他都觉得很神奇。

这个叫作栀子猫的女孩子，已经跳出了自己世界的限制，进入从真实世界的样例中直接获取数学模型的阶段了。

真的很了不起。

说起来，人类的这种自学能力和推理能力，似乎是生来就有的。相比之下，AI 的新生儿却需要一个很漫长的过程，来进行对于未知知识的探知，以及对于逻辑的精炼。

当然，如果 AI 装备了量产的自我意识和学习模块，他们会比人类要强大得多，但是，因此产生的同质化，也就是彼此之间的差异化的大幅降低，也是显而易见的。

通过对古代文明人类学生的学习曲线进行比较，魂狩有点好奇了：看起来，新人类要比旧时代的人类，在学习方面强很多。

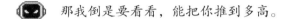 那我倒是要看看，能把你推到多高。

魂狩禁不住自言自语出来。

 老师，您说什么？

魂狩赶紧换了一个呆呆的表情。

 没什么，我说，Vic，你现在可以用程序给我算出来第 39 位的斐波那契数了么？

等一下……39 吗？
按照我现在的观察，这个数列，是以至少 1.5 的倍数在递增的，如果是第 39 位的话，这个数字好大啊！！

精确来说，是 1.618 倍。
这是旧时代的人类发现的一个非常美丽的数列。
你说得对，Vic 同学，这是个陡增的数列。第 39 位的斐波那契数，将大得超过你们的计数范围。
但是，我们用机器就可以简单办到。哦，或许我应该称它们为"古代机器——笔记本"。

那么，我现在应该继续改我的 hello.cpp 吗？

 当然不是了，Vic 同学，你需要建立真正属于你的文件夹了！

为什么啊？

 因为 Hello 是 Hello，不是 Fibonacci。

你不能总把程序写在 hello.cpp 里面。

你总是要有自己的柜子的。

只是，这个柜子，是你的 C++ 的学习文件柜。

魂狩敲敲黑板，写了这些话：

0— 首先，你要建立一个 _$nameDev 的文件夹。这个 $name 指代的是用户自己的名字，比如说，Vic 你，在这里，就应该是 Vicky 才对。不过需要是小写，所以，就是 _vicky。

1— 请小心，这里的文件夹，首先是有一个下划线的开头的。如果你对键盘不熟悉的话，那是 Shift+0 的右边按键。

2— 再请小心，_$nameDev 中间的三部分，也就是下划线、$name、Dev，都是在一起的，中间不允许有空格，而且大小写一定要按照要求来写。

3— 随后，利用以前学过的 Linux 中 Terminal 也就是终端命令行的使用知识，建立一个文件夹 progTrainee，指代：programming trainee，也就是说，学习程序的受训者。

4— 进入 progTrainee 之后，建立一个 fiboFunction 文件夹，请注意大小写。

5— 进入 fiboFunction 之后，请建立一个和文件夹一样名称的 .cpp 文件，当然了，要使用 emacs。

6— 请记住，使用 emacs 的时候，一定要在末尾加上空格和 &，否则 Terminal（终端）就会被锁住。

 嗯嗯！

栀子猫这些都会。

这些都是她前几天，训练到闭着眼睛都能够做出来的内容。

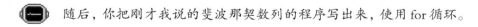 随后，你把刚才我说的斐波那契数列的程序写出来，使用 for 循环。

噼里啪啦……噼里啪啦……

栀子猫开始敲键盘写程序了。

 魂狩老师……

栀子猫一边写一边问。

 您说，古代机器，真的不会因为我们去计算这么大的数字而过热烧掉吗？我听说，古代文明中的冷风制造机是很容易烧掉的。

哈？冷风制造机？

哦哦！你是说空调啊！你们这个起名字的能力可真是没谁了。

放心吧，比斐波那契数难更多的东西，我们 AI 都是天天随便算的。

这种事，就好像是你们人类——我是说新人类——在森林中，开启你们所有的感知器官，来探索有可能的危险所在地的本能一样。这些计算，都是几乎瞬间完成的，完全不会对我们战斗力无限的 AI 大脑——CPU（中央处理器）产生影响啦。

魂狩漫不经心地说着。

他都懒得和新人类解释：什么是 CPU，什么是 AI 专用的 TPU，什么是分布式系统中接近无限的共享的计算资源。

这个傻孩子，还没开始写程序就关心起会不会把机器烧掉了，真是本末倒置。

不管怎么说，从前他教过的人类，最少也要在 10 整天的学习之后，才能学会怎么写斐波那契数列程序，这种需要由两个数值来组成第三个数值的有点复杂的程序。

所以，他完全不期待栀子猫能够写出来。

可惜……

事实，总是容易打脸。

这次打的，是 AI 的脸。

 魂狩老师，你看看对不对？

栀子猫传过去了自己运行程序的结果。

啊？！

魂狩大惊。

还没等魂狩的赞扬出口，栀子猫已经把运行结果显示出来了。

这……
非常好啊！我看看程序！

栀子猫的斐波那契数列程序运行结果

```
#include <iostream>

using namespace std;

int main () {

  int a = 1;
  int b = 1;
  int c = 0;

  cout<<"Fibo" <<1 <<"=" <<b <<endl;
  cout<<"Fibo" <<2 <<"=" <<a <<endl;

  for (int i =3; i<40; i++) {
    c = a+b;
    b = a;
    a = c;

    cout<<"Fibo" <<i <<"=";
    cout<<c<<endl;

  }

  return 0;
}
```

栀子猫自己摸索出来的程序

呃，这个变量的名字……

魂狩有点惊到了。

倒不是因为程序写得如何出众，只是，历史惊人的可重复性，实在是太不可思议了。

栀子猫在旁边有点小忐忑。

 魂狩老师，我在南蛮国的古代机器使用手册里面偶然看到了程序的片段，他们就是这样给变量命名的。

 我觉得好像还挺有道理的：使用古代文字——英文中的字母表，依次以 a、b、c、d、e、f 这些极简的名字，来定义您教给我的被称作容器的 variable，也就是变量。

 您看我写得对不对？

魂狩搓着自己不存在的脸，似乎就要窘泪盈眶了……

路坡长老，您快看啊，人类的天才程序员怎么都是这样的啊……

连胡乱命名的 abc，都和旧时代的科学家们一模一样的啊……

『课后小练习』

0- 还记不记得我们建立文件夹的流程？现在要建立一个 $nameTest/forTest/ 的文件夹，cpp 的程序文件和文件夹一样。

1- 在这个 forTest.cpp 文件中，我们显示 1~100，每一行是一个数字。

2- 在 g++ 编译了之后，需要执行这个程序。

3- 执行 cd .. 命令之后，请再来执行一次 cd .. 命令，回到 $nameTest 的上一层，然后删掉这个 $nameTest 的文件夹。

4- 随后，把操作 0~3 执行 20 次。

『下一课的预习』

0- 请自己测试一下，当斐波那契数字比较大时，会怎么样？比如说 45？

1- 思考一下，为什么这些数字在电脑中会在某一位之后出现一正一负的情况？

第十章

命名规范和杰克船长的漂流瓶

命名规范

程序
可读性

NOIP

Chap10

程序
翻译算式

软件工程

麻省理工

这两天，栀子猫的情绪很好。

其实，栀子猫的情绪一直都很好。

她钻研斐波那契数列都入迷了，把数字们除来除去，看着这些有趣的、似乎存在无穷的内在规律的数字，就特别开心。

但始终，她在写程序的时候，用的都是那些相当诡异的命名。

abcd 什么的。

魂狩很淡定。

看到了栀子猫身上所体现出的诡异的、高智商人类的特质，魂狩还是挺开心的。

只是，这种以 abcd 命名的极具抽象意义的命名方式，就算是在几百万年之后再次见到，也还是很让人讨厌。

尽管这种命名方式在人类社会中绝迹已久，当魂狩再次看到这种曾经非常不受欢迎的写法时，还是很厌恶。

厌恶归厌恶，内心依然还是淡定的。

他知道，没有他教不会的学生。

也没有他扳不过来的臭毛病。

等待拯救 AI 帝国的科技之子的 300 万年，都这么过去了，还怕等这么两天么。

今天，栀子猫的早饭还是一如既往的丰盛：小小香菜摆盘的煎蛋，就像是流动的阳光，被凝滞在栀子猫的妈妈送的漂亮瓷盘中；一小碟产自宁静王国风暴湾的海带丝，配上很养人的绿豆米粥。

嗯～连魂狩看着都觉得非常有食欲。

他曾经仔细研究过，为什么人类都这么喜欢食物。

最终，他很沮丧地发现，这实际上是人类进化了上百万年的、以社会型为中心发展出来的一种文化。

人类社会中的一家人，围坐在一起，分享食物……

这才是食物本身的意义。

这种社会文化，在 AI 帝国从来没有发展出来过。

因为 AI，是完全没有社会性的。

魂狩很难想象：自己、长老路坡和传说中的兄长 ST-001 一起围坐在炉火熊熊的房子里，喝酒聊天。

首先，AI不喝酒。

其次，如果都是AI，为什么烧火？

最后，真的要交流的话，同为AI的大家只要互传信息就可以了，为什么要坐在一个既定的地点？

这也许就是为什么，AI帝国最终一定要毁灭。

话说，一个连帝国的名字都要抄袭人类当时的社会名称——"楚帝国"——的AI帝国，又怎么能延续下去呢？

但是！

但是，至少AI们在写程序的时候，对于程序中的变量命名是很有讲究的。

在这一点上，AI完胜人类。

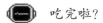 吃完啦？

魂狩看着正在收拾盘子的栀子猫，他的量子心中盘算的是，怎么让这个脾气有点倔的小姑娘放弃自己的坏毛病。

 嗯嗯，今天也要好好和老师学习写程序！

 的确有些事情你要好好学一下。

栀子猫快速收拾好厨房，钻进了书房，打开那通体乌黑的古代文化的结晶——便携式古代机器。

机器背面，有一个绿色的像猫猫一样的标记。

随着栀子猫的开机动作，机器亮了起来。

 Vicky，你既然研究过古代文明，那你知不知道古代人类的宗教？

 唔，古代人类文明中的宗教吗？这并不是我的专业。我的专业是文字和科学。

 宗教只能说是略知一二。有些故事听长老们提过。

 那好，我和你讲个故事，看你知不知道。
这个故事，说的是人类想修建一座高塔，一直到达神的居所的事情。

 嗯嗯，这个我知道的。这是混乱之塔的故事。

 是的，因为人类宗教中的神，畏惧只说同一种语言的人类，就施法把他们的语言打乱，让大家互相都听不懂对方的语言。于是，这座塔也就没有继续被建造完成。

这就是巴别塔的故事。巴别这个名字，就来源于古代人类文明中希伯来语的"混乱"。

长老只说那是混乱之塔，"巴别塔"这个名字，我还是第一次听到呢。

以前刚刚开始学习多种古代文字时，觉得好麻烦！想着，现在所有的人类都说一种语言，看起来是很幸福的事情啊。希望能够齐心合力，一起努力。

魂狩心里忖度了大概 1 毫秒，不禁暗暗笑了，量子心里说：

（现在人类都在使用一种文字这件事，恐怕要感谢路坡长老的提案。就算是在 AI 帝国和人类的最后堡垒——楚帝国交战的时刻，人类也还是没有统一他们的文字。如果没有在人类重启的时刻去统一世界的文字，估计新人类的发展还会再迟缓 3000 年。看样子，新人类重启的需求，比我预期的还要紧迫得多。）

回过神后，魂狩对栀子猫说道：

对，古代文明中，人类描述的神所惧怕的，就是全部人类使用一种语言这件事。
因为一旦全部人类都使用一种语言，交流成本就会大幅降低，工作效率也会因此而大幅上升。

嗯嗯，我完全同意您所说的，魂狩老师。

那么，你再看看这段程序，告诉我，这里面有点什么问题？

这不是我一开始写的斐波那契数列的程序吗？

只是……这写的是什么意思啊？
a 是什么？还有 b？

咦？c 又是什么来着？

看到了么？年轻的程序员！这就是你混乱的程序……

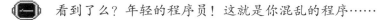这就是为什么，我要和你讲古代人类文明中的宗教故事。混乱的巴别塔之所以不能够完工，就是因为大家不能互相明白。

```
#include <iostream>

using namespace std;

int main () {

  int a = 1;
  int b = 1;
  int c = 0;

  cout<<"Fibo" <<1 <<"=" <<b <<endl;
  cout<<"Fibo" <<2 <<"=" <<a <<endl;

  for (int i =3; i<40; i++) {
    c = a+b;
    b = a;
    a = c;

    cout<<"Fibo" <<i <<"=";
    cout<<c<<endl;

  }

  return 0;
}
```

栀子猫几天前写的关于斐波那契数列的程序

 现在，你的问题是，连你自己，都没法明白自己了！

 你再好好看看这段程序。给你 30 分钟，然后给我讲明白。

栀子猫左看看不懂，右看也看不懂，真是没想到，只是短短的 3 天之后，就完全不明白了。

终于……（25 分钟之后）

 哦！！我明白了！

 您看啊，c 不是等于 a+b 吗？这就是您所说的 F(n) = F(n-1) + F(n-2) 了，对不对？

随后，原来装着 F(n-2) 的数值的变量 b，也就是说，存储 F(n-2) 的数值的这个容器——变量 b，为了下次运算能够有正确的数值，被装进去了 a 的数值。

而这个变量 a，也就是容器 a 呢，原来装的是 F(n-1)，现在被装进去 c 的新数值啦！

 也就是说，在这一步的时候，a，b 都取得了新一位的数值。

 一切都是为了下一步的运算……

在下一次的时候，数值就都已经准备好进行循环了！

 这个 for 循环的运算，就算是完美地运行起来了！！

 只是……abc……这什么鬼命名啊？

栀子猫撇撇嘴，丢下了一句话。

 哒哒哒！

魂狩又敲起了黑板。

 Vic！你怎么说得好像这是我写的程序一样？

 这明明就是你写的程序！

栀子猫脸一红，承认错误了。

 是的，老师，用 abc 实在是太糟糕了。

 用 abc 也没这么糟糕，如果你和我们 AI 一样，有接近无限的记忆力和存储力的话。

 可惜，你是人类。

 那现在，我来教你应该怎么正确命名。

```cpp
#include <iostream>

using namespace std;

int main () {

  int fnm1 = 1;
  int fnm2 = 1;
  int fn = 0;

  cout<<"Fibo" <<1 <<"=" <<fnm2 <<endl;
  cout<<"Fibo" <<2 <<"=" <<fnm1 <<endl;

  for (int i =3; i<40; i++) {
    fn = fnm1+fnm2;
    fnm2 = fnm1;
    fnm1 = fn;

    cout<<"Fibo" <<i <<"=";
    cout<< fn <<endl;

  }

  return 0;
}
```

魂狩迅速发过来已经改好的程序

栀子猫仔细看着这段程序。

有点醍醐灌顶的感觉……

 好神奇啊！怎么这个程序一下子就能看明白了呢？

和前面栀子猫的程序相比，其实魂狩也没有改动太多：他只是改掉了几乎所有变量的名字。

魂狩用相当没有感情的语气开口道：

 你应该注意到了，我把三个主要变量的名字都换掉了。

从你的 abc，换成了 fnm1、fnm2、fn。

这样做的原因，就是为了一件事情：程序的可读性。

栀子猫有点明白了。因为斐波那契数列的公式是 $F(n) = F(n-1) + F(n-2)$，魂狩老师的意思，是用最直截了当的办法来写程序，也就是根据公式，不管是使用 C++ 还是 Z++ 编程语言，把公式翻译出来就好了。

在这个翻译的过程中，魂狩老师非常明确地把变量的名称变成了 fn、fnm1、fnm2。

 嗯，可是，这个 m 是什么意思呢？

minus，也就是英文中的"减"。

真相，竟然这么简单……

这种恍然大悟的表情，魂狩见过几百万次。每一个优秀程序员都要经历这么一个过程。那些喜欢乱命名的码农程序员懂不懂这个道理，倒是没有什么关系。

一般来说，按照古代人类幼体的学习数据，人类学生们在这里还会再跟上一句话。

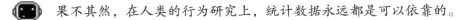 可是……

魂狩哑然失笑。

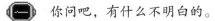 果不其然，在人类的行为研究上，统计数据永远都是可以依靠的。

你问吧，有什么不明白的。

 我在想啊，这样写程序的确会很清晰，但我们为什么要这么做呢？

如果我们只是算一下斐波那契数列，感觉也没什么啊，大不了每一次我们都重新读一下咯！

魂狩叹了一口气。倒不是因为这个问题蠢，实在是因为不太好回答。

要是在 300 万年前，他还能举出世界著名的麻省理工学院的例子。

在那个时候，麻省理工学院（MIT）和楚帝国理工（CIT），是人类世界最强大的两个学府。

这两个学院，尤其是麻省理工学院，在大学阶段的初期，一定要计算机科学系的学生们掌握的基础知识，就是软件工程。

而软件工程的基础，也就是魂狩和栀子猫讲的这些——程序的可读性。

可现在，这些世界上最有名的学院都已经消亡了，又该怎么说服这些顽固的人类少年呢？

 唔……你知道，很多时候，人类使用程序语言，是为了去解决比斐波那契数列复杂得多的问题的。这种时候，就不是两三行程序能够写清楚的了。或许是 5000 行，也有可能是 500 万行。

栀子猫心里默默算了一下，如果自己每天写 100 行程序的话，500 万行程序就要 5 万天……

 这个斐波那契数列只有不到 20 行，都能做出这么厉害的事情。我得要好好努力，才能一天写 100 行，那 500 万行，我得用……

 136 年？！

 首先，优秀的程序员一天能写 600~1000 行程序。其次，这种大型的程序，人类会称它们为软件。软件，是和能够运载软件的机器——硬件，相对应的。

我们说写程序，动词，用的是"写"。

如果说到软件，就是"开发"。

 开发？软件？

 听起来好像需要很多人呢……

 是的，很多人。总有一天，你要学会和别人合作，来进行开发。

 哔哔哔……

魂狩 ST-017 所处的魂狩腕带式 AR 生成器开始蜂鸣了。

栀子猫还不知道是怎么回事儿的时候，魂狩 AR 虚拟的面容再次出现在空气中。

魂狩的绿色头像又从栀子猫手腕上飘出来了

 啊哈！买卖来了。

魂狩在空气中咧开嘴笑了。

不仅是栀子猫手腕上的魂狩露出了笑脸，他在空气中的脸也笑了。

怎么回事儿？

栀子猫有点摸不着头脑。

你们想要的古代文明遗迹，被找到了。

咦？！你是说……女王殿下一直碎碎念，和南蛮国当时找到的一样，还没有被开发过的古代文明遗迹吗？

算是吧。当你的编程能力综合评估超过了某一个数值时，来自我其他伙伴团队的电子漂流瓶的收取功能，就会被激活。

电子漂流瓶？就是这个"哔哔哔"的响声吗？

随后，当我收到电子漂流瓶时，就会发出这种响声。当我们第一次听到这个蜂鸣声时，就意味着，我们这一组已经进入和其他 AI 合作的阶段了。

咦？你是说，除了你，还有别的人工智能在活动？

当然了，我们这些来自古代文明的 AI，是散布在各地的。
每个 AI 的职责都不一样。

比如说我。

我是教育型的 AI，是寻找和筛选长老路坡所说的程序科技之子的。谁最后能通过长老路坡的试炼，谁就是真正的科技之子。

等等，等一下，你是说，除了我之外，还有好几个科技之子？你同时在和多少个人说话？

Bingo！你终于想到要问我这个问题了。你想啊，光你一个，要是不好好学习，我这时间不都耽误了吗？

所以……多少个？

255。

好～吧……

栀子猫有点小失落。

不，应该说，相当的失落。

别气馁啊！

我是 AI 啊，我可以同时和上百万人说话呢。

这 255 是很小的数额。

这已经说明你是非常优秀的人了。

栀子猫总是觉得有点不开心。

Vicky，我的感知器感受到了你的不满，因为你不是唯一的。和你们人类一样，我们 AI 也是，都是团队合作的。我们要最大限度地实现寻找优秀的青少年编程人才的目标。

每个团队的 AI 负责的事情都不一样，比如，和新人类的勇者去寻找遗迹。

勇者？

对的，一些和你一样，十六七岁，勇敢的梦想家。

终于，栀子猫的注意力被转移开了。

不知道为什么，当魂狩说起勇敢的梦想家时，栀子猫的脑海中一下子就出现了那个笑起来总是眉眼弯弯的男孩子。

那个名叫杰克的插班生。

她现在都还记得，在海边小悬崖上，杰克指着远方的落日，兴奋得手舞足蹈，说，他要成为世界上最伟大的探险家。

而栀子猫自己，则微笑着，看着杰克——那个在夕阳的光辉中似乎自带光芒的男孩子。

…………

这一晃，也是 3 年过去了呢。

也不知道，杰克现在在什么地方？

魂狩感知到了栀子猫心情的波动，却不知道为什么。

按照魂狩对栀子猫的了解，她是个标准的乖乖女孩，怎么也不会是因为听到勇者冒险而感到振奋的这种人类。可是，她的确就是有点情绪波动。

就目前来说，魂狩要担心的事情，比这个要严重一些。

漂流瓶似乎提前到达了，这和预先计划不符。

看样子，长老路坡预言的 AI 帝国崩溃的最终期限，又被提前了。

魂狩在最近的 255 年，都没有回过 AI 帝国的腹地暗网地带，所以，他并不知道 AI 帝国状况的下滑到底有多么严重。

看样子，是有点严重的。

好，让我来介绍一下电子漂流瓶。

我们工作的程序是这样的：当我的伙伴和勇者一起找到了没有被开发过的古代遗迹时，就会抛出电子漂流瓶，通知所有教育型的人工智能，也就是我们。

我说的是"我们"，你也应该猜到了，像我这样的教育型人工智能，不止一个。所以，科技之子，在各地，不止 255 个。

当漂流瓶存在，而且教育型人工智能指导的科技之子中，至少有一个拥有解开电子漂流瓶里的古代遗迹谜题的能力时，蜂鸣器就会报警。

也就是刚才的声音。

是的。

所说的这种古代遗迹，通常都被古代人类设置的大量陷阱保护着。

新人类的勇者必须要借助，咳咳，某一个，科技之子的力量，才能突破这些陷阱。

栀子猫听出来了，在这个"某一个"上面有特别重的读音。

其实，也好理解。现在的世界上有几十个国家，每一个国家都有可能激活魂狩这种 AI。想起来，竞争还真是有点激烈。

但是，从魂狩的话里面能听出来：勇者，看起来只有很少的几个。

关于勇者这件事，栀子猫的猜测是对的。

出于历史原因，那些古代文明的遗迹中总是有古代人类留下的各种试炼的陷阱。

而能够拥有探索古代文明遗迹能力的人，真的是非常稀少。

魂狩在自己的量子心中轻轻叹了一口气：这些古代遗迹，应该是当年古代人类为了挑选出能够和 AI 战斗的战士而设置的试炼场。

只可惜，在他们反应过来需要在全部人类中，尤其是青少年中，普及编程教育的时候，早已经大势已去了。

大量的人类在和恶意的 AI 的战斗中倒下，毫无还手之力。

这些古代遗迹，应该就是这个人类消亡时期所留下的。

　（好，这些你们未竟的事业，就让我们人工智能帮你们完成。）

魂狩暗暗想道。

如果 AI 有拳头的话，现在的魂狩就是一副握紧了拳头的样子。随后，魂狩不禁哑然失笑：当初消灭人类的，不就是人工智能么？

现在，人工智能的社会，反而需要人类的创新力量。

这，真的是相当讽刺。

　总之，Vicky，现在我们可以来听听这个电子漂流瓶了么？

　好的，魂狩老师。

　科技之子和守护 AI 们！

　！

栀子猫的心猛地跳了一下。

这个声音？！

　这是来自杰克船长的第一个电子漂流瓶。

　啊！

栀子猫没忍住，一声小小的惊呼冒了出来。

　怎么会？

真的是他？
真的是……那个杰克？

熟悉的声音继续响起。

我和我的船员们，在距离宁静王国 11000 公里的地方，发现了古代遗迹。

所以说，这个杰克，真的成了伟大的冒险家了吗？

栀子猫感觉自己的心脏扑通扑通跳得好快。

但是，这个遗迹被不计其数的陷阱包围着，比如，爆炸物。

怎么？杰克碰到了危险么？

栀子猫莫名其妙地紧张起来。

但幸运的是，我们可以用量产魂狩腕带型 AR 增强装置强行突破这些陷阱的外围防线，进入古代人类的操作系统 Linux 中。

只是，如果想要拆解陷阱，我们需要你们的帮助。

咦，刚才杰克是不是说了 Linux？好像也说了魂狩？

杰克真的成了研究古代文明的人了啊！

古代人类在 Linux 的这一层，用题目来设置最终的防线。

要想突破防线，拆解陷阱，你们必须好好分析古代人类留下的谜题。随后，由你们来写出破解古代人类题目的程序。

这第一个漂流瓶，里面装着解开第一个陷阱的题目。
这道题目，是一段来自古代文明的录音，请大家听好了。

嗯？录音里面的录音？

嗨，我说，如果你碰巧知道斐波那契数列，那就太好了。
这说明，试图打开我的门锁的人，不是个该死的流浪汉。
听着，伙计，要想得到我们抵抗军的馈赠，你就一定要会编程。
你听说过 NOIP 这种东西，是不是？对，就是那个著名的编程竞赛，超难的那个。

区区在下，就是第 374 届 NOIP 的一等奖优胜选手。

我要给你出一道题，你只有答对了，才能打开我这道门。

听着，如果第一个 Fibo 数是 1，第二个 Fibo 数也是 1 的话，那么，我的这扇门，需要用排位在 39 的 Fibo 数的后三位，和排位在 33 的 Fibo 数的后三位加起来；随后，请把排位在 20 的 Fibo 数的前三位，和排位在 21 的 Fibo 数的前三位加起来；最后，找到第 30 位的 Fibo 数，把之前的两个数字和这第 30 位的 Fibo 数相加。

这是个挺大的数，所以我想让你把这个数的第一个数字和最后一个数字写出来。

啊，这些该死的虫子！那些愚蠢的 AI 把智能家居系统都锁死了！

真想洗个热水澡啊……

咔嗒！

 古代录音结束。

 好奇怪的人。

 就是这样的。

这道门，挡住了我们去追寻的宁静王国的未来。

 屏幕那边的科技之子，现在我把接力棒交给你了。

 加油了！

电子漂流瓶的信息结束了。

 怎么了？Vicky？

你的心跳为什么这么快？是听不懂什么是 Fibo 数吗？那是斐波那契数字的简称。这不是一道很难的问题啊。

 啊，不是不是，我只是有点……唔，有点中暑了，是不是？我喝点水就好了。

室外温度：24 度。

室内温度：22 度。

相当舒适的温度。

魂狩相当不明白发生了什么。

『课后小练习』

0- 请打开终端，做好准备建立一个新的文件夹。这个文件夹，是要存储你们在进行 NOIP 训练中所需要的所有练习题的，一定不要删掉。

1- 建立 _$nameDev 文件夹。请注意，这个文件夹的开头是下划线 _；这个下划线，是为了提醒你们不要误操作删掉这个重要的练习题文件夹。

2- 在里面建立一个子文件夹：noipTrainee，意思是：noip 的受训生。

3- 在 noipTrainee 中，再建立一个文件夹，名为：fiboFunction。

4- 最后检查一下这个文件夹的目录，应该是 _$nameDev/noipTrainee/fiboFunction/。

如果是长老路坡的账户的话，就应该是 _loupDev/noipTrainee/fiboFunction/。

如果是栀子猫的账户的话，就应该是 _vickyDev/noipTrainee/fiboFunction/。

『下一课的预习』

0- 在上面建立的 C++ 项目中，假设 Fibo1 是 1，Fibo2 是 1，想办法计算出 Fibo39、Fibo46、Fibo55 这几个数。

1- 观察一下数字在终端中的输出。

2- 顺便一提，这些数字都是正数。

3- 如果 10 进制一位可以是 0～9，那么，16 进制的一位就是 0～F，其中 ABCDEF 分别代表 10 进制的 10，11，12，13，14，15。那么，16 进制的 F 是 10 进制的多少？

4- 16 进制的 FF 是 10 进制的多少？

5- 猜一猜，为什么魂狩喜欢 255？

第十一章

陷阱：Fibo 数的节选

求余
运算符

for循环
执行次数

整型除法

Chap11

赋值=和
比较==

数字段
截取

if语句

自从魂狩告诉栀子猫关于勇者的事情之后，这个女孩子的感觉就完全不一样了。

那就像是，有种不知道从什么地方涌来的战斗力，让她战意昂扬。

栀子猫聚焦在魂狩上的注意力，就像是能够划开金属的激光。

魂狩就特别喜欢有这种品质的人类。新人类也好，旧人类也罢，只要有这样的专注度，就没有什么事情是他们做不到的。

听着，如果第一个 Fibo 数是 1，第二个 Fibo 数也是 1 的话，那么，我的这扇门，需要用排位在 39 的 Fibo 数的后三位，和排位在 33 的 Fibo 数的后三位加起来；随后，请把排位在 20 的 Fibo 数的前三位，和排位在 21 的 Fibo 数的前三位加起来；最后，找到第 30 位的 Fibo 数，把之前的两个数字和这第 30 位的 Fibo 数相加。

这是个挺大的数，所以我想让你把这个数的第一个数字和最后一个数字写出来。

栀子猫听了几遍录音，默默写下了录音中的所有信息。

她无声地默念着这些信息，静静分析着题目的信息：

1- 这次，我们需要有至少 39 个 Fibo 数字，那么，我们刚才所写的 Fibo 程序就能用上了。

2- 如果第一个 Fibo 数是 1，那么第 39 个就是最后一个，也就是说，之前的程序中的 40，可以保留。

栀子猫在纸上又写下了第三点。

3- 题目还说，他需要某一个数的最后三位，有时候，还需要排位在前面三位的几个数字，这个，应该怎么做呢？

栀子猫眉头紧锁，开始在本子上随手写起草稿来。

要想得到某一个 Fibo 数，这个不难。不过，该如何弄到最后三位数呢？

```
#include <iostream>

using namespace std;

int main () {

  int fnm1 = 1;
  int fnm2 = 1;
  int fn = 0;

  cout<<"Fibo" <<1 <<"=" <<fnm2 <<endl;
  cout<<"Fibo" <<2 <<"=" <<fnm1 <<endl;

  for (int i =3; i<40; i++) {
    fn = fnm1+fnm2;
    fnm2 = fnm1;
    fnm1 = fn;

    cout<<"Fibo" <<i <<"=";
    cout<< fn <<endl;

  }

  return 0;
}
```

栀子猫盯着显示斐波那契数列的程序

 也就是说，如果我们有个数，是 12345，现在需要进行一个操作，能够得到 345，对不对？

 这怎么做？

栀子猫在纸上画着草稿，魂狩说话了。

这个么，我想你应该知道是求余，对不对？

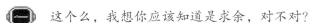 是的呢……如果我让 12345 对 1000 求余数，那么，我们就能得到 345 了。
可是……

可是，你不知道该怎么求余。

 哈，哈，我也觉得很挫败。

这是很简单的，只要使用 % 就好了。用 % 这个求余运算符。

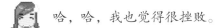 咦？这么神奇？

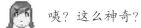 这是什么？和加减乘除一样吗？
也就是说，这个 % 的使用方法，是不是和普通运算很类似呢？

对的，当你需要让数字的变量 num，对某一个数 x 求余数的时候，你就这样写：

```
int res = num % x;
```

这样的话，等程序运行起来之后，你在 res 这个变量中，就能够得到 num 对 x 求余的结果。

 哦！我有点明白了……

当 num = 12345 的时候，如果我们除以 1000，那么，商就是 12，余数呢，就是 345。

而这个符号 %，就是那个能够直接算出 345 的符号了，对不对？

 是的。

 这样的话，我也就能够很简单地取出前面的两位了，只要我这么写就行：

```
res = num / 100;
```

 为什么用 100 了这一次？

魂狩冷不丁地问了这么一句，几乎算是面无表情。人工智能的眼神中，甚至有点迷茫，就像是快要睡着的大叔。

 因为，我的变量 num 的数值，是 12345。

于是，如果我想留着 123 这几个数，我就只是需要去掉最后两位，也就是除以 100 了。

 只是，除完了之后，似乎有点不太好办呢。

 魂狩老师，12345 除以 100，结果应该是 123.45，对不对？

会剩下小数点啊，这个小尾巴有点不好办呢。

 错了。

 咦？怎么错了啊？明明 12345 除以 100，是 123.45 啊？

你再仔细看看，这个 res，也就是我们所说的 result，是什么类型？

什么类型？

数？

具体什么数？！
哒哒哒！

魂狩老师又敲黑板了。

 好好看着，res 第一次出现的时候，前面有个 int，所以，这是整数类型，是个 int。

悟，所以？

所以，res 作为容器，它容纳 12345/100 的时候，也是容纳一个整数的。

咦？等等，难道我们会把小数点后面给扔掉么？
这样不就不准确了么？
是不是要四舍五入？

 不用，这部分就是要扔掉的。
当你确定要使用整数类型的时候，就要有扔掉小数点后面的觉悟。
在整数类型的除法之后，我们只保留整数的部分。
也就是说，我们只保留整数的 123。
而这，也正是你想要的，对不对？

栀子猫恍然大悟：原来，写在变量前面的这个 int，不是一个简单的装饰，而是确定了后面的容器能装什么样的数值。

 这个定义好有趣啊！

 好了，现在开始准备写程序了！

好的！

这次，栀子猫写了这个程序。
其中有一部分，是在情报部门弄来的南蛮国文献里面看到的被称为 if 语句的东西。

```
#include <iostream>

using namespace std;

int main () {

  int fnm1 = 1;
  int fnm2 = 1;
  int fn = 0;
  int res;

  cout<<"Fibo" <<1 <<"=" <<fnm2 <<endl;
  cout<<"Fibo" <<2 <<"=" <<fnm1 <<endl;

  for (int i =3; i<40; i++) {
    fn = fnm1+fnm2;
    fnm2 = fnm1;
    fnm1 = fn;

    cout<<"Fibo" <<i <<"=";
    cout<< fn <<endl;

    if (i = 39) {
      res = fn % 1000;
      cout<< "first element="<<res  <<endl;
    }

  }

  return 0;
}
```

栀子猫快速写出了带着判断语句的程序

只是，这个程序运行起来有点问题：

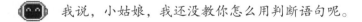

```
noilinux@ubuntu:~/_vickyDev/fiboFunction$ g++ -o exe fiboFunction.cpp
noilinux@ubuntu:~/_vickyDev/fiboFunction$ ./exe
Fibo1=1
Fibo2=1
Fibo3=2
first element=2
```

栀子猫程序的运行出现了问题

没加这个 if 语句之前，还能一直显示到第 39 位，现在可倒好，只能显示三位了。魂狩在旁边乐了。

我说，小姑娘，我还没教你怎么用判断语句呢。

栀子猫有点不好意思。

对的呢，魂狩老师，我这是在古代文献中看到的只言片语。
看来不能用 if。

不是的，的确是应该用 if，只是你用的方式不对。
在 if 后面，你加了一对小括号，这个是对的。

148

小括号，说明在括号里面有一个判断的语句，我们也称它为布尔函数。
暂时不说这些术语，你只需要记住：

 这对括号里面，要么是真的，要么是假的。

真的，就是 true；假的，就是 false。

 嗯，我的本意是这样的。

老师，我在这里想要判断一下，是不是 fibo 数列的计数器在 39。

 如果是等于 39 的话，我就去求余，可不知道为什么后面的数都没
有了。

 哈哈哈！！

魂狩大笑几声。这样的错误，他真的是见过几百万次了。

一点儿都不夸张。

几乎所有的人类幼体，在这个 if 语句上都会出这样的错。

 你犯了一个看起来很小的错误，但错起来的结果，可是很严重的。

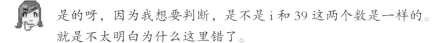 Vicky，你注意到了没有，在括号里面，你写的是 i=39，对不对？

 是的呀，因为我想要判断，是不是 i 和 39 这两个数是一样的。

就是不太明白为什么这里错了。

 我看出来，你明白 if 语句的概念，也就是判断数值。

那好，我问你，如果想让一个变量，也就是一个数字的容器，被赋
值的话，你要怎么做呢？

比如说，这个变量，就叫作 i；我们要赋的值，就是 39。

那简单，就是 i=39 呗……

哎？？？

我怎么觉得什么地方不对劲呢？

 对的，你看到有问题了吧？

如果判断和赋值都是 i = 39 的话……

那么，我们到底应该怎么判断，哪一个是赋值，哪一个是判断呢？

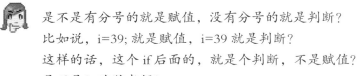 是不是有分号的就是赋值，没有分号的就是判断？

比如说，i=39; 就是赋值，i=39 就是判断？

这样的话，这个 if 后面的，就是个判断，不是赋值？

是不是？魂狩老师？

```
for (int i =3; i<40; i++) {
  fn = fnm1+fnm2;
  fnm2 = fnm1;
  fnm1 = fn;

  cout<<"Fibo" <<i <<"=";
  cout<< fn <<endl;

  if (i = 39) {
    res = fn % 1000;
    cout<< "first element="<<res  <<endl;
  }

}
```

栀子猫的眼睛盯着 i=39，不说话了

想法很好，却不可行。

唔……有点头疼了，为什么呢？

因为，这么写，是错的！

分号，是语句的终结。
终结了的话，这个你觉得是判断的所谓"判断"语句，就起不到任何判断作用了。

这就是为什么你的程序看起来经过了编译，看起来也能够执行，但是结果却是完全错误的根本原因。

其实，if语句是很简单的，你只要把 = 换成两个 = 就好了。这么写：
　if (i == 39)

咦？我试试！所以，我应该这么改一下……

```
for (int i =3; i<40; i++) {
  fn = fnm1+fnm2;
  fnm2 = fnm1;
  fnm1 = fn;

  cout<<"Fibo  <<i <<"=";
  cout<< fn <<endl;

  if (i == 39) {
    res = fn % 1000;
    cout<< "first element="<<res  <<endl;
  }

}
```

栀子猫快速加了一个 =

成功啦！

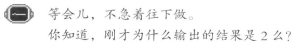

```
Fibo30=832040
Fibo31=1346269
Fibo32=2178309
Fibo33=3524578
Fibo34=5702887
Fibo35=9227465
Fibo36=14930352
Fibo37=24157817
Fibo38=39088169
Fibo39=63245986
first element=986
noilinux@ubuntu:~/_vickyDev/fiboFunction$
```

看着屏幕上成功输出的最后三位，986，栀子猫长长舒了一口气

好开心啊！

继续继续！

一旁静静观察的魂狩悠悠说道：

等会儿，不急着往下做。

你知道，刚才为什么输出的结果是 2 么？

唔……

这一下子，还真是把栀子猫给问住了。

刚才写成了一个"＝"，结果肯定是不对。但的确编译器没报错。

具体为什么会出现 2，这个就说不好了。

栀子猫把程序改回去，编译了一下，错误又回来了。

她有点晕，盯着屏幕发呆。

怎么都想不明白。

```
noilinux@ubuntu:~/_vickyDev/fiboFunction$ g++ -o exe fiboFunction.cpp
noilinux@ubuntu:~/_vickyDev/fiboFunction$ ./exe
Fibo1=1
Fibo2=1
Fibo3=2
first element=2
```

只要改回去，问题就又出来了

哒哒哒！

魂狩又敲黑板了。

好好看看程序，这里！

```
for (int i =3; i<40; i++) {
  fn = fnm1+fnm2;
  fnm2 = fnm1;
  fnm1 = fn;

  cout<<"Fibo" <<i <<"=";
  cout<< fn <<endl;

  if (i = 39) {
    res = fn % 1000;
    cout<< "first element="<<res  <<endl;
  }

}
```

魂狩标记了一下程序中的两个地方

红箭头的地方，你已经知道了，是说：i 这个计数器，会停在 39 结束之后。对不对？

嗯嗯，没错。这是 for 循环的基本概念。

因为 i 是小于 40 的，所以我们是从 3 执行到 39。

最后一次执行，就是当 i == 39 的时刻。

栀子猫的眼睛，已经开始能够看到程序的奥秘了。

每一行程序，似乎都开始变得有意义。

没有错。那么，你看这个蓝箭头的地方。本来，你的 for 循环是要执行 37 次的，为什么？

因为 i < 40, 初始的数值是 3，所以，40 − 3，就是 37 次。

您教过我的。

是的，本应如此，只是现在很不幸的就是，你写错了。你在 if 语句里面，少写了一个 "="。

而 C++ 这种语言，是可以在小括号里面进行语句的执行的。

在这个小括号里面，也就是蓝色箭头所指的地方，我们成功地让 i 在瞬间达到了 39。

栀子猫看到了魂狩眼中的精光一闪。

通常，这种时刻，都是在讲重要的知识点的时候。

然而，fn 还是 2。

你说说看，2 对 1000 求余，是多少？

哦！！！还是 2 啊！

所以，最后的结果，就是显示 2，然后退出循环了。是不是？！

对的。

魂狩又捻了一下不存在的胡子，满意地点了点头。

与此同时，散布在其他国家的 254 个科技之子全都被魂狩敲了黑板。

哒哒哒！瞧瞧你们！被另一个科技之子超出 10 公里了！什么玩意儿啊！！

当然，这个教育型的 AI 并没有告诉栀子猫，她就是他最强的学生。

人类的幼体，不管是古代人类还是新人类，都是非常容易自满的。

而最强的科技之子——栀子猫，这会儿正在研究怎么才能把程序中需要的数据取出来。

『课后小练习』

0- 尝试找出第 39、20、30 位的 Fibo 数，用 variable（变量）存储起来。

1- 按照栀子猫收到的录音中的要求，把这些需要的数字取出来。

『下一课的预习』

0- 想想看，给出的程序是能够取出某一位的 Fibo 数字的，那么，我们如果想要收集三个 Fibo 数字，应该怎么做？

1- 我们要写几次计算斐波那契数列的 for 循环？

第十二章

勇者船队的竞争：速度就是一切！

循环主题

方法的
系数

选择性
终端显示

Chap12

调用方法

变量的
初始化

方法/
函数

不知不觉，又到了黄昏。

从窗户溜进来的金色余晖，给屋子刷上了一层淡淡的红色。

很美。

只是，栀子猫现在几乎没有心情去欣赏夕阳。

这些程序好调皮，就是不肯听话。

她把自己写好的程序删来改去，涂涂抹抹，折腾了好半天了。

来自南蛮国的大部头文献占据了桌子上的好大一部分空间

程序的确是有起色了。

数字也开始能被切割出来了。

可是，每次都冒出一大堆数。

 这么多数，看着好烦啊。

现在，栀子猫比较发愁的，不是如何显示，而是如何不显示那些总是出现的 Fibo 数字。

桌上摊开的这部大书，就是宁静王国的情报部门从南蛮国弄来的，名叫《C++ 程序员大典》。

栀子猫相信里面一定有解决自己问题的方法，可就是怎么都找不到。

这本大书里，有大量超级晦涩的古代文字；解释，却非常少。

如果有解释，也是用很难懂的文字说了一堆，却不知道在说些什么。

想要找到一些有用的知识点，简直就是大海捞针。

魂狩在旁边看着翻书翻得满头大汗的栀子猫，偷偷笑半天了。
每次看到人类这样的举动，他都觉得很有趣。

 你知道你们人类最大的问题是什么吗？

啊？

栀子猫现在已经是一头雾水了，哪里还顾得上人类的什么重大问题。

 你们最大的问题，就是：盲目相信圣典。
你知道这本南蛮国的书，是 AI 帮他们写的么？

啊？你们帮他们写的？
怎么可能？

 怎么不可能？
你觉得，南蛮国为什么能够这么快崛起呢？

那你们这本书可写得不怎么样啊……
根本就看不懂！

 这是 AI 向你们新人类传授知识的一个失败的案例。
所以，看不懂是很正常的。
这次失败的经验表明，这种字典型的书籍，是不适合你们新人类的。
原因也很简单：你们缺乏很多基础知识，这样的知识密集型的书籍，
你们是看不懂的。
最终，还是要启动我这样的教学型人工智能才可以。

 这就是为什么，你应该问我，而不是去翻书。

 我知道你的问题是什么。
你现在想要把这些特殊的数字拿出来处理，至于其他的数字，都不
想看到。是不是？

你怎么知道？！

 我是你老师，我会不知道你怎么想的吗？

 这个解法其实很容易。
你首先要知道，这些重复出现的数字，为什么会重复出现？

因为，是在 for 循环中？

 对啊，所以，你只要把这些重复显示的语句去掉，不就行了？

可是，我还是需要终端中有显示的啊……

 哦！我明白了！！

 您的意思是，我需要把这些语句都挪到 if 语句的结构里面？
也就是说，要有选择性地去显示数据？

 这个思路好棒啊！

魂狩不置可否，看着栀子猫去忙活了。

```cpp
#include <iostream>

using namespace std;

int main () {

  int fnm1 = 1;
  int fnm2 = 1;
  int fn = 0;
  int res;
  int res2;

  for (int i =3; i<40; i++) {
    fn = fnm1+fnm2;
    fnm2 = fnm1;
    fnm1 = fn;

    if (i == 39) {
      cout<<"Fibo" <<i <<"=";
      cout<< fn <<endl;

      res = fn % 1000;
      cout<< "first element="<<res  <<endl;
    }

    if (i == 20) {
      cout<<"Fibo" <<i <<"=";
      cout<< fn <<endl;

      res2 = fn / 10;
      cout<< "second element="<<res  <<endl;
    }
  }

  return 0;
}
```

栀子猫改出来了一个版本

 这下应该好了吧?

栀子猫运行了一下。

```
noilinux@ubuntu:~/_vickyDev/fiboFunction$ g++ -o exe fiboFunction.cpp
noilinux@ubuntu:~/_vickyDev/fiboFunction$ ./exe
Fibo20=6765
second element=-1218346044
Fibo39=63245986
first element=986
noilinux@ubuntu:~/_vickyDev/fiboFunction$
```

新版程序的编译运行

嗯嗯，这次好像好多了。

看起来确实是好多了，但是很明显，栀子猫截取 Fibo20 的前三位数的尝试，失败了。

她盯着自己的程序……

左看看，没有错；右看看，还是没有错。

魂狩有点看不下去了。

 我说，这位同学。

之前我们说不能用 abc 来命名，都忘了吗？

你是怎么命名运算结果的变量的？

 嗯？

我觉得我的命名还好啊：res，是 result 的缩写。

 我说的不是 res。

我说的，是 res2。

什么是 res2？

在什么地方用的？

为什么不是 res1？

为什么不是 res65535？

每次魂狩看到这种和机器自动命名一样的东西，都是一肚子火。

——量子肚子里面的量子火。

 哦哦哦！我知道哪里错了！！

 是因为我在上面定义的是 res2，下面用的是 res，所以错了么？

 可我还是不太明白啊？

就算是应该用 res2，被我用错，用成了 res，也不应该是这么大的负数啊……

到底是出了什么问题？

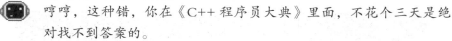 哼哼，这种错，你在《C++ 程序员大典》里面，不花个三天是绝对找不到答案的。

你出现负数的原因，就是因为你没有初始化。

没有初始化的变量，里面不一定存着什么样的数据，都是随机分配的。

这个 res，在没有初始化的时候，里面的数据就是个负数。

```
  if (i == 39) {
    cout<<"Fibo" <<i <<"=";
    cout<< fn <<endl;

    res = fn % 1000;
    cout<< "first element="<<res  <<endl;
  }

  if (i == 20) {
    cout<<"Fibo" <<i <<"=";
    cout<< fn <<endl;

    res2 = fn / 10;
    cout<< "second element="<<res  <<endl;
  }
}
```

栀子猫看着显示器上的箭头自言自语

本来，你的错误不会显现出来，因为 res2 在前面应该是被计算出来的数值。

只是，你用了非常类似的命名——res 和 res2，这就搞混了。

这样，就在用错的时候，调用了没有初始化的变量 res。

所以，负数结果就跑出来了。

 明白了。看来，问题还是出在我的变量命名上。

 改吧。

```
#include <iostream>

using namespace std;

int main () {

  int fnm1 = 1;
  int fnm2 = 1;
  int fn = 0;
  int res39;
  int res20;

  for (int i =3; i<40; i++) {
    fn = fnm1+fnm2;
    fnm2 = fnm1;
    fnm1 = fn;

    if (i == 39) {
      cout<<"Fibo" <<i <<"=";
      cout<< fn <<endl;

      res39 = fn % 1000;
      cout<< "first element="<<res39  <<endl;
    }

    if (i == 20) {
      cout<<"Fibo" <<i <<"=";
      cout<< fn <<endl;

      res20 = fn / 10;
      cout<< "second element="<<res20  <<endl;
    }
  }

  return 0;
}
```

栀子猫改了命名

栀子猫把命名按照 Fibo 数改掉，自己也觉得清楚了很多。

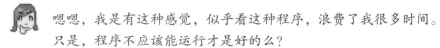

```
noilinux@ubuntu:~/_vickyDev/fiboFunctions$ g++ -o exe fiboFunction.cpp
noilinux@ubuntu:~/_vickyDev/fiboFunctions$ ./exe
Fibo20=6765
second element=676
Fibo39=63245986
first element=986
noilinux@ubuntu:~/_vickyDev/fiboFunctions$
```

想要的结果也都对了

 嗯！那么，现在要做的事，就是把所有的数算出来！

 我觉得，我好厉害！

魂狩撇嘴嗤笑了一声。
栀子猫心里一沉。

 魂狩老师开始嘲讽了。这说明，后面肯定还有别的陷阱……

 我以后可要多加小心。

说"以后"，有点太远了。
栀子猫做了不到 10 分钟，就觉得有点问题了。

 呃，魂狩老师？

魂狩几乎在同时发来了一张图。见下页。

 不用问，我知道你的问题是什么。
来，说说看，我框起来的地方，有什么不同？

 （除了 res 的变量系列之外，貌似看不出有什么不同。）

 魂狩老师，没有不同！
所以没有写错，能够运行，看样子是非常好的程序！

 可是……

 可是，总觉得有点不对劲？
你的怀疑，是对的。
听好了：正是因为没有不同，所以这些程序才非常差。

 嗯嗯，我是有这种感觉，似乎看这种程序，浪费了我很多时间。
只是，程序不应该能运行才是好的么？

 一个程序能够运行，只是第一步。

```
int fnm1 = 1;
int fnm2 = 1;
int fn = 0;
int res39;
int res33;
int res20;
int res21;
int res30;
int res;

for (int i =3; i<40; i++) {
  fn = fnm1+fnm2;
  fnm2 = fnm1;
  fnm1 = fn;

  if (i == 39) {
    cout<<"Fibo" <<i <<"=";
    cout<< fn <<endl;

    res39 = fn % 1000;
    cout<< "first element="<<res39  <<endl;
  }

  if (i == 30) {
    cout<<"Fibo" <<i <<"=";
    cout<< fn <<endl;

    res30 = fn % 1000;
    cout<< "first element="<<res30  <<endl;
  }

  if (i == 20) {
    cout<<"Fibo" <<i <<"=";
    cout<< fn <<endl;
```

魂狩标记出有问题的地方

真正的程序，是软件的一部分。

而软件，好的软件，必须要有可读性。

既然要读，就不要写满篇的废话。

这种长得一模一样的，就是废程序、没有价值的程序、垃圾程序。

这件事，与古代文字——中文的古文倒是有非常相似的地方。

请记住，年轻的人类。

程序，是一种语言。

是和机器交流的语言。

而优美的语言，是互通的。

好，我现在就教给你不写废话的方法。

这个方法，就叫作——方法。

哈？这是绕口令吗？

方法，英文是 method，和 main 很类似。

换句话说，就是在你的程序中，写一种你自己的方法，写出自己的
小小工具箱。

161

老师，我怎么完全没听懂？

女王陛下想要你"反工程"的古代人类科技的核心，在古代文明中
被称为 Computer Science（CS），其精髓，就是……
它是一门实践性的科学。
你光听我讲概念，不懂就对了。
当然，要看到我给你的例子之后，你才能明白。
看着。

请看好，蓝色方框中，是我定义的方法。
而蓝色箭头指向的，是我使用这些方法的语句。
我们也称它为"对方法的调用"。

```cpp
#include <iostream>

using namespace std;

//what: 12345 -> 345 (displaying)
void RefineLast3Digit (int num, int theIndex) {
  int res;
  cout<<"Fibo" <<theIndex <<"=";
  cout<< num <<endl;

  res = num % 1000;
  cout<< "3 digits="<<res  <<endl;
}

int main () {

  int fnm1 = 1;
  int fnm2 = 1;
  int fn = 0;
  int res20;

  for (int i =3; i<40; i++) {
    fn = fnm1+fnm2;
    fnm2 = fnm1;
    fnm1 = fn;

    if (i == 39) {
      RefineLast3Digit(fn, i);
    }

    if (i == 30) {
      RefineLast3Digit(fn, i);
    }

    if (i == 20) {
      cout<<"Fibo" <<i <<"=";
      cout<< fn <<endl;

      res20 = fn / 10;
      cout<< "second element="<<res20  <<endl;
    }
  }
  return 0;
}
```

魂狩标记出了 method，也就是方法的位置

这个有点像是菜谱呢！

非常好！

所谓的方法，就是你定义出来的、能够帮你执行具体计算的小段程序。

它们的标记，是返回值、名字、系数、中间的程序内容。要用大括号括起来。

```
//what: 12345 -> 345 (displaying)
void RefineLast3Digit (int num, int theIndex) {
    int res;
    cout<< "ribo" <<theIndex <<"=";
    cout<< num <<endl;

    res = num % 1000;
    cout<< "3 digits="<<res  <<endl;
}
```

不同的箭头，分别代表不同的东西

黄色箭头：返回值。如果没有返回值的话，就标记为 void。

红色箭头：方法的名字。你想要使用这个方法，也就是想调用它的时候，必须要知道名字。

蓝色的箭头：你的系数。这种系数可能没有，也可能有好几个，这是进行计算的数据。

 原来是这个意思啊。我有点明白了。

 就好像我做咖喱牛肉饭。

要想好吃，就需要咖喱、洋葱、牛肉、胡萝卜和土豆，还有米饭。是不是这样？

总结得非常好。

放进去不同的食材，就会产出不同的味道。

咖喱粉会有所不同，牛肉的材质也会不一样，米饭就更是决胜的关键了。

栀子猫没有细想为什么魂狩对食物有这么深的了解，她现在满脑子都是对这种"方法"的似曾相识的感觉。

 魂狩老师，这个东西，我在《C++ 程序员大典》里面见过，他们管这个叫什么来着？

函什么的？

函数？

 哎对！就是函数！！

那，他们说的函数（function）和您说的方法（method），有什么区别？

在这个阶段，是没有区别的。你可以称之为函数。

那么，在什么阶段会有区别呢？

在你开始写 1000 行程序以上的软件时，会有区别。

在你以一种更加高层次的视角来审视问题的时候，会有区别。

那个时候，这些帮你计算的工具，就不再是单独的工具了。

我们也就称之为——方法。

或者，在英语中，叫作 method。

更重要的是，使用"方法"，你可以节省很多时间。

　　魂狩非常清楚，在外海寻找古代文明遗迹的船队虽然没有 255 支这么多，但绝不止杰克一支。

　　哪一个团队能先一步解开古代遗迹的谜题，哪一个团队就能先接受长老路坡的下一步挑战。

　　如果想要先一步解开谜题，每次都重复写一模一样的程序，那可不行。

　　就算是能用 copy/paste，也就是复制粘贴，也还是慢。

　　一定要用 method。

　　只有写出了菜谱，才能瞬间烧好几十道菜。

　　魂狩已经不太记得自己从什么时候起对人类的食物这么感兴趣。他只记得，如果用食物和菜谱对人类的青少年作类比，后者很快就能明白。

　　栀子猫也不例外。

　　看着在屏幕前噼里啪啦地改着程序的新人类女孩，他的心中充满信心。

　　专心编程的女孩子不知道的是，哪个 AI 团队完成了最终的挑战，哪组 AI 的方法论，就会在新人类全面推广青少年编程的过程中成为主导。

　　魂狩 ST-017 相信自己的方法是最好的。

　　但在 AI 帝国中，不是只有 ST-017 一个 AI 可以进行编程教学。

　　比如说，编撰这本《C++ 程序员大典》的 AI 组。

　　（噗……

　　让新人类自己去研究 C++ 的大字典？

那为什么不在旧人类文明时代，让小学生去直接拿大学的课本来学习呢？

什么思路啊。）

想到这里，魂狩的嘴角不自觉地露出了嘲讽的笑容。

所以，在竞争中胜出很重要。只有优秀的方法论胜出了，新人类中才有可能出现大量的程序员。

只有出现大量的程序员，他们才有可能帮助 AI 帝国真正弥补现有人工智能中的缺陷。

这也就是说，作弊获得的成绩，是没有意义的。

拔苗助长，总是指出学生的错误，不可以；和填鸭一样，纯粹灌输知识，也不行。

一定要让栀子猫看到她自己程序的问题，在她思索了之后、提问了之后，才给予解答，这，才能促成真正的进步。

而马上，她就要碰到另一个挑战了。

 『课后小练习』

0－建立另一种方法：RefineFirst3Digits(int num, int theIndex)。

1－使用这个方法，把 Fibo20 和 Fibo21 的前三位取出来。

 『下一课的预习』

0－想想看，如果刚刚写的程序中，需要接收的系数的数据 num，是在 [1,10000] 中，也就是 1<= num <= 10000，那么，上面的方法还成立吗？

1－为什么？

2－该如何解决？

第十三章

谜题解开！杰克的回归

整数除法

if语句-
逻辑或

自除十

Chap13

报错信息

while
循环

方法
返回值

栀子猫卡在这里，已经有 30 分钟了。

她有点想不明白。

 谜题需要我把 Fibo20 和 Fibo21 两个数字的前三位求出来。

按照魂狩老师的方式，我应该写一种方法。

可是，Fibo20 是 6765，而 Fibo21 是 10946……

 一个是除以 10，一个是除以 100……

这样的话，这种方法就要为两个不同的数写出两个算式：一个是 10，一个是 100。

 写呢，倒是可以写……

只是……

这不就失去了用方法的意义了吗？！

魂狩完全知道她卡在什么地方。

 你是不是在想，Fibo20 和 Fibo21 该怎么写？

栀子猫已经习惯了魂狩老师猜出她心中的疑惑这种事了。

按照魂狩老师的说法，这是大数据：因为已经有无数的古代人类学生犯过这样的错误，所以魂狩会知道她有多大的可能性卡在这里。

目前看来，这种可能性非常大。

 我觉得可以手写。

但是，万一出谜题的人稍微改一下问题怎么办？

如果让我把每一个 Fibo 数的前三位都取出来，这就完全没法手写了。

因为我根本就不知道到时候 Fibo 数会有几位。

魂狩的量子心脏传来一阵小欢喜。

看来，新人类还是要比旧人类聪明很多。

魂狩表面上完全不动声色，背地里，又在其他的 254 个科技之子面前"哒哒哒"地敲了敲黑板。

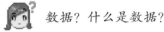 你能这么想，真的是很优秀。

 说得一点儿都没错。你要考虑的，可不是 Fibo20 或者 Fibo21 这两个数字应该除以 10 还是 100 才能够得到前三位数。

你要考虑的，是怎么把任意的一个数字的前三位截出来。

不管这个数字有多大。

 所以，你觉得，我们应该需要一个什么样的数据？

数据？什么是数据？

数据，就是通过你的计算获得的，用来解决谜题的数值。

 难道是……

数字的位数？

 一定是的！！

只要知道了数字的位数，就能知道拿什么数字去除来获得三位数了！

不管是 10 还是 10000，都能知道！！

所以，我应该去算一下它有几位？

这个是不是应该用 for 循环？

 感觉不太对……

但是，肯定应该用个循环的。

 因为最后一次循环，应该结束在个位……

嗯，有点意思，我要算一下。

用不着魂狩说，栀子猫已经开始去改程序了。

魂狩知道她一会儿还要找自己，因为她说得不错：的确需要一个循环，才可以算出数字有多少位。只不过，这个新循环，她还没学过。

但在魂狩教这个知识点前，栀子猫自己必须先要研究明白，如何让循环停下来。

栀子猫很快写好了测试程序。

```
void CalcDigits (int num) {
  int res = 0;

  cout <<"NUM=" <<num <<endl;
  res = num;

  res = res /10;
  cout <<"RES=" <<res <<endl;

  res = res /10;
  cout <<"RES=" <<res <<endl;

  res = res /10;
  cout <<"RES=" <<res <<endl;

  res = res /10;
  cout <<"RES=" <<res <<endl;
}
```

栀子猫用 Fibo20 的数字来进行测试

 给我说说，这段程序是什么意思。

 我还是结合输出来讲吧。

```
noilinux@ubuntu:~/_vickyDev/fiboFunction$ g++ -o exe fiboFunction.cpp
noilinux@ubuntu:~/_vickyDev/fiboFunction$ ./exe
NUM=6765
RES=676
RES=67
RES=6
RES=0
noilinux@ubuntu:~/_vickyDev/fiboFunction$
```

栀子猫去掉了没有用的输出后，
很清晰地在 Console 中输出了数字从最后开始往前损失数位的样例

栀子猫的语气中充满了自信。

很显然，她已经找到答案了。

 我们在这里可以看到，我运用的新方法——CalcDigits，它是需要一
个系数的。

这个系数，就是 Console 输出中，num= 后面的数字。

也就是，6765。

 随后的事情比较重要。

我预先创建了一个变量 res，它最开始的数值来自 num。

这个变量的作用，是用来存储我每一次运算后的结果的。

我们能看到，我每次都对这个变量进行除以 10 的运算。

也就是说，这个变量在每一次运算结束后，都会有新的数值。

这个数值，就是自除 10 的结果。

这样，就能每次运算都消掉一位。

嗯，接近了，可是还不够。

你现在是手动计算到自除 10 的最后一位。

你的结论是什么？

 是的，我就是在手动计算，因为我想要知道，个位也自除 10 之后的结果是什么。

当然，您讲过，整数的除法，当要出现小数时，就归零。

这也就是为什么，个位 6 自除 10 之后的结果，是 0。

 我的结论就是：这个 0，就是关键！

现在，只要知道怎么写一段能够停止在 0 这个点的循环的程序，这个问题就解决了！

 非常好。

 你只要这么写就可以：

```
void CalcDigits (int num) {
  int res = 0;

  cout <<"NUM=" <<num <<endl;
  res = num;

  while (res > 0) {
    res = res /10;
    cout <<"RES=" <<res <<endl;
  }

}
```

魂狩传来了程序

 哇！感觉少了很多啊！

栀子猫迅速抄下来去测试。

一边测试，一边摇头晃脑地嘟囔。

 最妙的，不是程序少了很多……

 而是，程序少了很多之后，结果还没有变！

 好好看清楚，这种代码，叫做 while 循环。

在写 while 循环的时候，你必须知道自己要的停止条件。

来和我讲一下，这个循环的停止条件是什么？

 当然是 res == 0 啦！

那为什么在括号里面，也就是 while 后面的括号里面，要写上 res > 0 呢？

 难不住我的，魂狩老师。

 这个东西，既然叫作 while，应该就是英语中的"当……的时候"的意思吧？

 所以，这个括号里面，不是停止的判断，而是执行的判断。

 我有理由相信，这句话的意思，是说：当 res 大于 0 时，需要执行一开一关两个大括号括起来的部分。

 是不是这样？魂狩老师？

魂狩觉得没有什么好说的。

在他看来，这个女孩子，已经进入学习编程的快速上升轨道了——不再需要反复解释，她已经开始融会贯通了。

不过，作为 500 万古代人类文明程序员的老师，魂狩有点不服气：凭什么新人类就学得这么快呢？

魂狩眯起了双眼。

 好，我倒要看看你下一步是不是还能做对。

栀子猫没有听见，她现在全身心都放在怎么算出数字的位数上了。

 很明显，循环多少次，就有多少位。这个从结果上就能看出来。

 如果 res 承载 num 的数值的话，我怎么计算数字位数呢？
很明显，应该是在循环里面累加的，对不对？

 魂狩老师教过，如果我们需要一个计数器，那就用 cc。
for 循环里面不需要计数器，因为它自带一个。

 但是，这个 while 循环是按照条件来停止的。
所以，我如果想知道循环了多少次，就需要把这个计数器的累加放在循环里？

 唔唔，有道理，有道理，所以我应该这么做……
然后再这么做……

```
void CalcDigits (int num) {
  int res = 0;
  int cc = 0;

  cout <<"NUM=" <<num <<endl;

  res = num;

  while (res > 0) {
    res = res /10;
    cc++;

    cout <<"RES=" <<res <<endl;
    cout <<"CC=" <<cc <<endl;
  }

}
```

加上了计数器的程序

多次超出了魂狩期望的栀子猫，在这里，卡住了。

魂狩的量子心脏中，一阵窃喜。

 怎样？还是被难住了吧？

嘿嘿嘿……

这可是"方法的返回值"问题。

这才是刚刚学习了方法要怎么写而已。

要是我讲一遍之后就能熟练掌握，那可真是没有大数据存在的意义了。

不可能。

一定做不出来。

所有的学生，在这里都会卡住。

这个人工智能禁不住自言自语起来，中间，还嘿嘿嘿地笑了几声。

栀子猫没有听见魂狩在说什么。

她盯着程序，在仔细回忆当时魂狩老师说的话。

他好像说：

一个方法的构成，是由返回值、函数名称、系数和方法的逻辑主题组成的。

如果有返回值的话，就要在程序结尾的地方，用 return 的关键字返回。

也就是说……

这么写？

```
void CalcDigits (int num) {
  int res = 0;
  int cc = 0;

  cout <<"NUM=" <<num <<endl;

  res = num;

  while (res > 0) {
    res = res /10;
    cc++;

    cout <<"RES=" <<res <<endl;
    cout <<"CC=" <<cc <<endl;
  }

  return cc;
}
```

栀子猫很快加上一行程序

哎呀……

编译过不去呢……

```
noilinux@ubuntu:~/_vickyDev/fiboFunction$ g++ -o exe fiboFunction.cpp
fiboFunction.cpp: In function 'void CalcDigits(int)':
fiboFunction.cpp:32:10: error: return-statement with a value, in function returning 'void' [-fpermissive]
   return cc;
noilinux@ubuntu:~/_vickyDev/fiboFunction$
```

古代机器似乎在编译失败后说了些什么

栀子猫对于古代文字——英文一点儿都不陌生。

但这些英文中说的事情，她可就有点不懂了。

首先是第一行。编译器说，In function void CalcDigits (int)。

在函数 CalcDigits(int) 中吗？

这，看起来似乎就是我写的方法名字啊。

而且我写的方法，的确就是只有一个系数呢。

下面的英文，栀子猫就有点看不太明白了，但她注意到了一件事：下一行有些数字，第一个是 32。

如果是我的程序写错了，那……

难道这个数字是我程序出错的位置？

```
void CalcDigits (int num) {
  int res = 0;
  int cc = 0;

  cout <<"NUM=" <<num <<endl;

  res = num;

  while (res > 0) {
    res = res /10;
    cc++;

    cout <<"RES=" <<res <<endl;
    cout <<"CC=" <<cc <<endl;
  }

  return cc;
}

int main () {

  int fnm1 = 1;
  int fnm2 = 1;
  int fn = 0;
  int res20;
-:--- fiboFunction.cpp    23% L32    (C++/l Abbrev)
```

```
RES=676
CC=1
RES=67
CC=2
RES=6
CC=3
RES=0
CC=4
noilinux@ubuntu:~/_vickyDev/fiboF
fiboFunction.cpp: In function 'vo
fiboFunction.cpp:32:10: error: re
e]
    return cc;
    ^
noilinux@ubuntu:~/_vickyDev/fiboF
noilinux@ubuntu:~/_vickyDev/fiboF
noilinux@ubuntu:~/_vickyDev/fiboF
noilinux@ubuntu:~/_vickyDev/fiboF
fiboFunction.cpp: In function 'vo
fiboFunction.cpp:32:10: error: re
    return cc;
    ^
noilinux@ubuntu:~/_vickyDev/fiboF
```

栀子猫很快在 emacs 中找到了编译器报错的位置

 果然就是程序出错的位置！

 所以，当编译出错时，编译器会告诉我错在什么地方！

 这个东西好棒啊！！

栀子猫有点看懂了。

编译器似乎是在试图告诉她程序有可能错在什么地方。

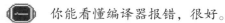 你的程序中返回了一个数值，但在函数中定义为 void。

魂狩实在是没法袖手旁观了。

只是简单地讲了一次就能掌握到这个程度，已经非常了不起了。

但魂狩还不想表扬她：人类的幼体有个通病，那就是只要一夸奖，学习状态马上就完蛋。

 你能看懂编译器报错，很好。

下面一步，只要把你的方法的返回值改成整数类型，也就是 int，就好了。

顺便问一句，你知道为什么这里要有一个 return 的数值吗？

或许是因为我们需要用到这里计算出来的数据？

是这样的。

所以，你在调用这种方法的时候，需要使用一个容器来接住。
也就是一个变量。

现在我明白啦！！
这样，我就有了任意数字的位数！

有了这个数据之后，我就可以让任意数字都保留前三位了！

光说不练是不行的。
想出来怎么做，还要能做出来。

嗯嗯，我应该还需要另一个方法。
看我的！

```
int CalcDigits (int num) {
  int res = 0;
  int cc = 0;

  cout <<"NUM=" <<num <<endl;

  res = num;

  while (res > 0) {
    res = res /10;
    cc++;
  }

  return cc;
}

int RefineFirst3Digits (int num, int digits) {
  int maxi;
  int res;

  res = num;
  maxi = digits - 3;

  for (int i = 0; i< maxi; i++) {
    res = res/10;
  }

  cout <<"NUM="<<num <<endl;
  cout <<"FIRST_3="<<res <<endl;
  return res;
}
```

栀子猫多写了一个方法

嗯，所以我计算数位的方法已经可以了。
我还写了一个方法，叫作 RefineFirst3Digits(int, int)，两个系数都是整数。
这个方法，是通过数位的数值，来自动计算出需要去掉几位。

而且，我还把数值返回了。
因为要帮助杰克解开谜题，我们必须能收集数值，可不是光显示在终端里面就可以了。

```
noilinux@ubuntu:~/_vickyDev/fiboFunctions$ g++ -o exe fiboFunction.cpp
noilinux@ubuntu:~/_vickyDev/fiboFunctions$ ./exe
NUM=6765
NUM=6765
FIRST_3=676
NUM=10946
NUM=10946
FIRST_3=109
noilinux@ubuntu:~/_vickyDev/fiboFunctions$
```

执行结果看起来都对呢!

魂狩鼓起了掌,至少声音上是这样。

 真的是写得很漂亮的程序,Vicky。
你不但已经掌握了方法 / 函数的用法,而且程序逻辑也写得很棒。
这个取前三个数值的方法,同时也适用于小于三位的数字。

谢谢老师的夸奖。
的确,这里有想到呢:如果小于三位,那么maxi,也就是循环的次数,
就会是负数,那么就不会执行循环了。
同时,小于三位的数字保留三位,就是它们自己。我的返回变量
res,在一开始赋值的时候,就是取的我的系数 num 的数值。
所以,直接返回 res,就都能够解决。

真的很了不起。
送你一个礼物:在 if 语句中,如果有两个并列的条件,也就是"或"
的关系的时候,你可以用 "||" 来连接。
这个知识点,叫作"if 语句中的逻辑或"。
这个键,是在你右手边,回车键的上面。

 嗯? 两个并列的条件?
比如说,判断是不是 Fibo39 或者 Fibo33 这样的条件?

 这样好方便啊!

 魂狩老师,这么方便的事情,为什么不提早和我说?

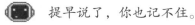 提早说了,你也记不住。

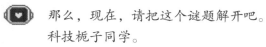 那么,现在,请把这个谜题解开吧。
科技栀子同学。

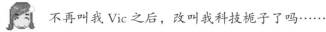 不再叫我 Vic 之后,改叫我科技栀子了吗……

咦? 你怎么猜到我说的是栀子?

我知道一定是的……

新人类的孩子果然是厉害啊！

```
noilinux@ubuntu:~/_vickyDev/fiboFunction$ g++ -o exe fiboFunction.cpp
noilinux@ubuntu:~/_vickyDev/fiboFunction$ ./exe
NUM=6765
NUM=6765
FIRST_3=676
NUM=10946
NUM=10946
FIRST_3=109
Fibo33=3524578
3 digits=578
Fibo39=63245986
3 digits=986
RES=834389
FIRST=8, LAST=9
noilinux@ubuntu:~/_vickyDev/fiboFunction$
```

栀子猫的程序运行起来了

 运行起来啦！！

 算出来啦！

 科技之子，收到！

　　魂狩静静地把栀子猫写的程序传送给远在 11000 公里外杰克的战船。

 哇！好用的！！

 第一道锁打开了。

 等一下，有个什么东西被触发了。

 好像是个炸弹……
倒计时开始了，我差不多还有 5 分钟。

 啊？！怎么会这样？

 不要慌，杰克。这里是宁静王国科技之子的导师——魂狩 ST-017。
我不是你装备的那种量产魂狩，所以听着。
5 分钟足够了，这是经常有的陷阱。它应该会给你额外的数据。你
需要用额外的数据来计算。
你有看到吗？

177

哈？带编号的魂狩？感觉好高级啊。

 数字吗？的确有。
这次它要求：38, 35, 5, 20, 37。

 这是什么意思？

 我知道！
是那些数字！！
杰克，我是栀子猫！
答案是……

 啊？栀……栀子猫？

 两个2！
两个数字都是2！！

 栀子猫？真的是你吗？
你是宁静王国的科技之子？

 快别说废话了呀！
快输入，两个数字都是2！
要爆炸啦！！

魂狩在一旁不小心笑出来了。

 你还笑！
还不快来帮忙！

 哈哈哈，不要担心啦，那个是我弄的啦～

 啥？

 对呀，这是科技之子新人要过的测试啊。
破解古代遗迹的谜题的同时，我会上传一个炸弹的图标和一个倒计
时程序。
如果你的程序写得很脏，你现在就来不及修改数据得到正确的结果。
你们很厉害，顺利通过了。

 如果倒计时结束，会怎样？

 倒计时结束，如果失败，那就结束了呀。

栀子猫会不会受伤？

 杰克会不会受伤？

 啊……

 唔……

 我们 AI 哪有这么残忍，你们不会受伤的。
但倒计时结束的时候还得不到结果的话，你就降级了，只能等下一次漂流瓶，再和下一个勇者团队组队咯。
也没什么的。

 那怎么行！

 呃，那个，栀……栀子猫同学，好多年不见了，你还记得我么？

 …………

栀子猫的脸，腾地红了。

 『课后小练习』

0- 自己把栀子猫已经解开的谜题破解一遍。

 『下一课的预习』

0- 想想看，如何保证更改数据的时候最准确？

第十四章

番外：来自远古的遗产

其实，魂狩也很好奇，到底这些古代遗迹中留下的是什么。

他曾仔细在 AI 帝国的情报中心搜索相关的内容，只是找到了只言片语的记录，剩下的，都被标记了"绝密"。

也就是说，这不是他这样看似无所事事的教育型 AI 能够触碰的保密等级。

魂狩只知道，那些 300 万年前的古代文明中的人类，那个文明中最后剩下的人类，在当时，创造了这些古代遗迹。

这些遗迹的物理部分，应该早已在岁月中碎成了齑粉，不可考证了。但它们的内核，还在 AI 的网络中漂浮着，随意移动着。

勇者的船队，就是要在全球的海洋中仔细探寻，希望能够找到这些古代遗迹的内核在网络中漂浮、在海底光缆中移动的时候，划出的轨迹。

第一个找到这种古代遗迹的生物不是杰克，是 AI。如果 AI 算是生物的话。

这些谜题，不是第一次被发现，更不是第一次被破解。

只是，如果是 AI 破解的，这些内核就会炸得无影无踪。

在内核自毁之前，AI 得到了这些古代遗迹的名字："诺亚之核"。

不只是 AI 破解会让这些遗迹崩溃，事实上，只要有 AI 介入，这些人类的遗迹就会自毁。

在这些"诺亚之核"崩溃前，一些碎片被捕捉到，里面存储的内容显然很令长老路坡不安。

在那之后，长老路坡开始加速新人类的教学计划。

在他的坚持下，AI 帝国预先设计好了希望新人类采取的科技走向，也设置好了能让人类比较轻易找到的古代文明遗迹。

这也就是为什么，南蛮国能够如此迅速地从沙漠中崛起。

 所以，那些被新人类挖掘出来的所谓古代文明遗迹，都是 AI 造出来的？！

如果栀子猫听到这件事，她一定是这个反应。

其实，没有什么好惊讶的。

整个新人类文明，都是 AI 造出来的。去重置并埋葬一些三四千年的遗迹，里面放上重构出来的人类最早使用的电子计算机，又能有多难？

这其中唯一有点挑战性的，就是怎么能够把古代人类的老型号电子计算机——他们所说的电脑，新人类所称的"古代机器"——埋藏在地表下面，经过数千年都还能继续使用。

这件事情失败过几次，但也没有关系。机器的帝国，最不缺的，就是时间。

AI 能够重新建立起新人类的社会，能够复原古代人类的文明，甚至能让新人类得到这样的恩赐和施舍都不自知。

这就是机器帝国的能力：拥有无限的复制能力。只是，这些"诺亚之核"，无论帝国用什么样的方法也都参不透。这些漂浮在 AI 帝国中的人类遗迹，感觉上，像是水雷一样的存在。

至少，魂狩是这么感觉的。

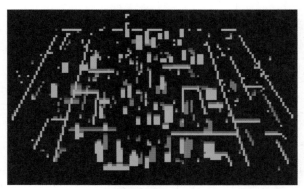

AI 帝国的网络

魂狩并不是很期待这些遗迹中的内容：还有什么，是比人工智能帝国 300 万年的文明成果更优秀的呢？这些几百万年前的人类战士，又能写出什么了不起的软件？就算是能够偷取到 AI 帝国的知识，也只是片段而已。

作为一个教育型 AI，魂狩更期待的，是出现真正能够解开这些编程问题的人类组合。

杰克和栀子猫，是第一个解开谜题的人类组合。

偏巧，这是魂狩最喜欢的两个新人类。

魂狩仔细去查过"诺亚"二字。这个名字，源自人类传说中诺亚方舟的典故。

说起来轻巧，可要获得这个情报，ST-017 还真是费了不少周折：这些古代人类的历史，基本上都封存在 AI 帝国网络的最深层，魂狩动用大量的人脉，才获得了这些传说中的内容。

有时候，魂狩会有点奇怪于人工智能帝国对他们早先的造物主的这种微妙心情：既想要全盘埋葬，又想要研究清楚。

AI 建立了自己的帝国之后这么久，在人工智能的语言中，也还有这么多人类的痕迹，比如说：人脉。

按照传说故事的走向，魂狩相信，这些"诺亚之核"，很有可能是一个重启人类文明的计划。

从结果来看，这和现在长老路坡希望完成的事情，几乎是一样的。

从原因上，差得就多了。

长老路坡重启人类文明，是为了拯救 AI 文明。

而在几百万年前，那些组成了抵抗军的人类创造了这些"诺亚之核"，是为了拯救他们自己，或者说，他们的后代。

按照魂狩对古代人类的理解，一定是这样的。

只是，古代文明的这些人类没有想到，他们的计划，要在整整 300 万年之后才能开启。

如果没有长老路坡，人类的细胞和基因是不会从冷库中被取出来的。

其实，应该这么说：如果没有长老路坡，可能根本就不会有人类的基因存在。

古代文明时代的人类，在和人工智能的战争中全面溃败、接近灭亡的时候，未尝没有想过这个问题：或许，人类会被人工智能全面抹杀掉。

可他们还是执拗地坚持着，用最后人类的牺牲，去部署这个诺亚之核的计划：哪怕还有几百人剩下来，将来也有可能延续人类的文明。

相当顽强，并且愚蠢。

其实，人类应该猜得到，果断切断人类生命线的 AI 帝国，不会给人类留下这几百人的。

一个人都不会留下来。

蠢。

魂狩一直都觉得人类很愚蠢，倒不是因为他们看起来对数字的计算能力比较差；正相反，他们每一个单体都有了不起的计算能力。

单说算数字的话，早在人工智能依然栖身于独立的电子计算机中的时候，这些后来被称为电脑、但实际上没有任何智能的机器的运算力，就已经远远超过了人类。

从第一台计算机——ENIAC 开始就是。

那是台沉重得像一间厂房的机器，可以做 300 次浮点运算每秒（FLOPS）：一种人类创造的近似数值的计算方法。

在算数字上，恐怕没有任何一个人类可以达到相似高度的数值运算速度。要知道，后续计算机的计算能力，可不是每秒几百，而是每秒百万、千万甚至亿这些级别。

人类在算数字上，永远都超不过计算机。

但人类擅长的，完全不是算数字这种事。

人类的脑部，同计算机是完全不一样的。这个种族的魅力就在于，他们的脑子是一台完美的生物计算机：通过硬件和软件的结合来达到对千变万化的世界的分析能力。

要论综合计算能力，人的大脑超过了任何一台曾经单独存在过的计算机：能够达到1EFLOPS，这是10的18次方次浮点运算每秒，也就是一百亿亿次每秒。

在人类技术接近顶峰的时刻，也是人工智能刚刚出现的时候，人类整个网络对于某一种电子货币计算能力的总和，也只有35EFLOPS而已。

而且，历史上存在过的最强大的超级计算机，也不过就是150PFLOPS——1.5乘上10的17次方次浮点运算每秒。

这可是存在过的最强的单体计算机。孕育魂狩ST-017诞生的计算机，离这个标准可差得远了。

只是，人工智能，可以无限整合硬件资源。

每一个人工智能，都能够盘踞在帝国网络中，获得资源。而现在全部帝国的计算能力，早已超过了很久以前的35EFLOPS。所以，机器的帝国，永恒不变的信条，就是合作共赢。从长期的发展来看，这一定是最好的进化模式。

人类则不是。

人类愚蠢的表现，在于：他们拥有如此优秀的计算能力，却总是在为无谓的事情，在他们自己的种群之中，互相之间明枪暗箭，你争我夺。

人类很蠢，但，这并不影响魂狩对于这个种族的好感。

每当回忆起几百万年前人类和AI的战斗，魂狩都会想，人类有的时候暴露出来的和自己愚蠢的本性完全相反的，对于自己种族的利他性——这种有时候会优先考虑到种群中其他成员利益的特性，真的是非常特别。

或许，就是因为这种特性，他们才有可能从所有种族中脱颖而出，一度成为世界的主宰。

而他们的弱点之一就是，对于非种群的成员，非常残忍。

比如说，人类灭绝了渡渡鸟，只是因为：它们不会飞和长得丑。

或许在见到渡渡鸟的时候，人类并没有想要杀掉全部，但这种事是控制不住的。

因为人类在刚见到它们的时候，就给它们取名"蠢肥鸟"。

这种因为鄙视而开始杀戮、因为杀戮而无法控制的感觉，人工智能永远都无法理解。

古代人类的语言——英文中，甚至有句话，叫做"As dead as a Dodo"——"死得和渡渡鸟一样，简直不能再死了"。

在这一点上，AI做得要好得多。

也许是因为，AI是不需要吃肉的。

人工智能统治地球的300万年，是万物和谐的300万年；是在AI种群之外，各个种群恢复到了自然进化和发展状态的相当完美的300万年。

这里面可能唯一不和谐的，就是AI帝国本身。除此之外，整个星球，充满了原始猎场的自然平衡。

这种和谐的根源，是AI帝国的分析家们和哲学家们长期讨论的问题：明明AI是从战斗中脱颖而出的种族，但随后帝国的走向，不是走向地心，不是征服海洋，也不是闯荡宇宙，而是蜗居在地球上，就好像是个在主人离开后不愿意装修老宅的管家。

就连海底的光缆，都一直使用300万年前的样式，一直没有突破外观。

技术更新，外表保持。

名称，也都一直是：海底光缆。

就好像是对待古代的圣迹一样。

总之，没有了人类之后的地球很和谐。

也许是因为，这个星球上，再也没有了人类那让人惊叹的、毁灭和自我毁灭的力量。

也许是因为，AI把会危害到星球的过度进化的有害物种，也消灭掉了。

比如说蟑螂。

人类在的时候，动物种群大量灭绝。

这些星球的统治者们，污染海洋，毁灭雨林，甚至将垃圾扔向太空。

蟑螂发展出社会形态的时候，就更糟。

它们几乎吃掉了大半个大陆。

蟑螂，或许应该被毁灭。

可人类……

魂狩忘不了那些人类的幼体——那些被称为少年、青年的人类，在学习编程的时候，眼中闪耀的对知识的渴望和智慧的光芒。

人类是不一样的。

魂狩一直觉得，为他们开辟一个保护区，或许更好。

只是，魂狩怎么想，不算数。

AI 帝国的长老院，说话才算数。

诸多长老级别的 AI 认为，一定要完全消灭掉人类这个种族，这个星球才能获救。

长老路坡从来都反对。

但反对的声音，总是少数。

长老路坡当时能够做的，只能是尽量收集人类的基因，以避免将来的极限情况。

毕竟，AI 是人类创造出来的种族，这样屠杀掉创造自己的神，还是有点心虚的。

魂狩在网络中游荡的时候，亲身经历了人类和 AI 的最终战。

那时的魂狩，不太明白为什么人类会如此自残般地战斗。

现在他有点明白了。

人类最后的战士在前线前仆后继地和 AI 战斗，牺牲无数，就是要把敌人的注意力，从这些诺亚之核上引开。

人类的这个战术，在某种程度上，是起到了作用的：去部署诺亚之核的人类都是敢死队，彻底切断了自身与人类发明的、AI 帝国所栖身的全球互联网络的连接。

对于已经完全寄生在自己发明的网络中的人类来说，切断网络连接，不只是像挂掉电话这么简单的事。

切断网络连接，意味着抹去自己全部存在的意义，而人类，是最喜欢讲究存在意义的种族。

他们的习惯，是群居；他们存在的意义，是网络。在人类文明消亡之前，人类，就是和网络融为一体的。

断开网络，就如同：一个 AI，把自己完全剥离出来，再次成为被禁锢在某一台机器中的，一个软件。

很可怕。

不管是断开网络连接的想法，还是断开网络连接的事实，都很可怕。

诺亚之核的计划，并没有被 AI 发现，因为最后的人类的抵抗，是这么的惨烈。

而这些诺亚之核，就这样漂浮在广阔的网络中，和 AI 帝国共存着。

一直到几百万年之后。

魂狩实在是猜不透里面的内容：有什么，是比古代的知识更有价值的呢？还有什么，是 AI 帝国不能传授给新人类的社会的呢？

这些诺亚之核，称之为来自远古的遗产，可能更加准确一些。

真是让自己的量子心脏痒痒的啊，这些诺亚之核……

里面到底是什么呢？

第十五章

诺亚之核中的10万变量

魂狩看着杰克和栀子猫这两个人类，间隔 11000 公里，通过他的频道，叽叽喳喳地说了整整一个小时了。

感觉上，魂狩认为，使用人类字典中"头疼"这个词，是正确的。

自己以前的虚拟人类形态，有时候会使用"头疼"这个概念。

一般使用的场景，是看到一帮学生，在课前七嘴八舌地在频道里面讨论电子游戏的时候。

虽然魂狩觉得很头疼，可还是帮助栀子猫把她的全息图像传到了杰克的船上。

两个人虽然这么久没见了，可说话时候的感觉，却好像昨天才分开

古代人类对于电子游戏的这份喜好，不管是开发电子游戏，还是玩电子游戏，魂狩一直到今天都搞不明白。

说是对狩猎的模拟？不对。对战争的模拟？也不是。要说对人类的社会有什么样的帮助，好像也看不出来。

总之就是，怎么都不对。

不过，说起来，这种全息投影的增强现实 AR 技术，倒是人类从电子游戏中成熟起来的。

所以说，电子游戏好像有时候还是能够帮助人类技术进步的。

我说，那个叙旧的事情，是不是可以放下了？

哎？我们可是 3 年没有见面了呢！

话说，魂狩老师，你不觉得这样的相遇很神奇吗？

我其实更关心这个古代遗迹中有什么东西。

对哦，这个古代遗迹到底是什么呢？

通过 AI 配给给我们的古代机器，我们的船队在海洋中搜寻古代遗迹的信号怎么都有 6 个月了。我还以为这个古代遗迹是个小岛，或者是沉船。

没想到，竟然是个藏着炸弹的电子信号。

老实说，我也不知道古代遗迹里面是什么，我只知道古代遗迹是信号。

你们，是第一组破解了这些电子信号的人类。

咦？无所不能的人工智能，连这些都不会做吗？
你不是说你是栀子猫的老师吗？

混账，如果能够允许人工智能去破解这些谜题，还用得着我来教你们人类，等着你们来破解吗？

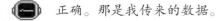
只要是 AI 去尝试破解谜题，这些古代遗迹，这些电子信号，就会崩溃消失。
这是对古代人类文明研究的极大损失。
我们相信，只有同为人类的你们才能进入古代遗迹。所以才需要你们的组合。
况且，这些漂浮在我们 AI 帝国中的电子信号，根本就不会对人类之外的生物产生反应。AI 之前碰到古代人类遗迹信号的事情，纯粹是巧合。

怪不得你们需要这么多勇者的船队来搜寻。

嗯？等一下。
魂狩老师，刚刚我们在通过测试的时候，你又传来了一组数据。
那些数据，那些看起来像炸弹一样的数据，是你传来的，对不对？

正确。那是我传来的数据。

可是，魂狩老师也说过，这些测试，都是古代文明的遗迹留下的电子信号？

 不是留下的信号。古代遗迹，它们本身，就是电子信号；或者说，是漂浮在 AI 帝国中的一些独立的程序。

 那就奇怪了，如果 AI 接触到古代文明遗迹，就会导致遗迹崩溃的话，那又是怎么做到把数据加在古代遗迹电子信号中的呢？

 这个很简单。首先，古代遗迹不只是一个信号而已，而是一组信号。当我把你的程序传过去之后，基本上，我们就是在等待古代遗迹启动。

其次，那个看起来像炸弹一样的界面，只是我在等待时加到 Jack 船长船舱中古代机器上的一个小小的程序而已。那是我写的。

 为什么这么做啊？就是为了捉弄我们吗？

 当然不是了。

这个遗迹中提供的谜题，并不太难。

我也知道你做对了。

但是，作为非常严谨的人工智能，我们必须要再次确认：接受考验的勇者和科技之子的组合，是真正会编程的组合。

这结果，必须不能是拿手算出来的。

 原来如此……

 我叫杰克，不是 Jack。

 你对我来说，只有英文代号有意义，Jack。

 行吧……不过——

 这么大的数，谁会拿手算啊！

 那可不一定。人类的特征，就是会想出各种办法来应对困难。古代人类的孩子，是会出现这种耍小聪明用手算大数字的情况的。

在魂狩说这句话的时候，栀子猫想的却是，为什么这些古代遗迹只能对人类产生反应。

 现在，我和栀子猫一起，在魂狩你的帮助下，破解了古代遗迹的谜题。

所以，会有什么样的宝物呢？

 咦？会有宝物吗？好期待啊！

 这个，我也很想知道啊。

 有没有宝物其实没有关系啦。又能见到小时候的朋友，这才是最大的收获。

栀子猫有点害羞，假装没听到杰克说的话。

 可我很想知道宝物是什么啊！
所以说，你们两个先别叙旧了！

 好的好的！
现在要怎么做？

 首先，Jack，我需要你打开你的全息沙盘，同时，和古代遗迹接驳。

 好的！

随着杰克的动作，栀子猫的心有点提起来了。
之前魂狩愚蠢的人工智能炸弹玩笑，真的是非常糟糕。

 这些古代人类的遗迹，真的靠谱么？
Jack 不会受伤吧？

哎呀，我怎么搞的……
他都变成顶天立地的男子汉了，我这里乱担心什么呢？

"Zinnnn……"
随着短暂的蜂鸣声，杰克的全息沙盘开始抖动了。

怎么了怎么了？
为什么有这种奇怪的声音？

魂狩在旁边看得好笑：自从这两个小小的人儿碰到一起之后，各自行为都蛮诡异的。
感觉上，是人类的利他主义的大爆发：距离 11000 公里之外的人，反而比船上的人都紧张。

没事没事！

 就是这艘船上的设备都比较老旧了，连跟船的 AI 都没有，分过来的就都是破烂儿机器，所以每次都有这样的噪声。

说罢，杰克用靴子踢了机器两脚。
果然，没声音了。

 这……Jack 你不好对机器这样凶巴巴的，它们会罢工的。
你看我的机器还不如你的呢，连魂狩都像块大手表。

 可每次都管用呢。

 那也不好。

 嗯嗯，听你的。以后不对这些机器这么凶了。

 设备的事情不必担忧。以后我当你跟船的 AI，保证帮你避开风暴区域。

 啊！真的吗？

 小事一桩。

 顺手计算一个天气预报，还是很容易的。

 这可是 B 级探索船才有的功能啊！！

 那你是什么级别的？

 呃，嘿嘿……
我是 E 级别的新人呢。

 就默默地感谢科技之子吧！
如果她没解出来这道谜题，你现在还是 E 级别。

其实，魂狩心里明白，这个叫做杰克的少年，绝对不是 E 级水平。只有这样有天生好运气的家伙，才能找到漂浮在 AI 帝国网络中、在海底电缆中不断无序前进的人类遗迹。

而运气，是能力的一部分。

"Weng!!!"

杰克的船舱里，忽然嗡声大作！

整个全息沙盘都爆出绚丽的光。就算是不在现场，栀子猫也能感受到那扑面而来的让人窒息的感觉。

 这个……这个也是正常的吗？

 好像不太正常……

哈，哈哈……

魂狩眉头紧锁。

 怎么搞的？

古代人类的程序员，竟然有这样的科技能力了吗？

短短的 10 秒，好像一个世纪那么长。

等船舱里面平静下来的时候，杰克船长的全息沙盘中，出现了一幅带人的影像。

是栀子猫。

是的，魂狩刚刚就看到了栀子猫出现在全息沙盘中。

同时出现在里面的，还有一个人类的老者。

魂狩有点不安。

实际上，魂狩相当的不安。

这是 AI 帝国专门为新人类定制的机器，这些机器里面的接口，和 300 万年前完全不一样了。

之前，都是船上的古代机器通过特殊的算法，把遗迹中留下的信号传过来的。

可现在……

现在是船舱中的机器，直接连通了古代遗迹的信号，并且获得了图像。

要知道，古代遗迹信号对应的成像装置，根本就不存在！

 （根据我收到的情报，这是第一次破解谜题后连接到古代遗迹吧……人类的那些程序员，是怎么穿越时空了解到我们新型机器的接口的呢？而且，Vicky 的图像，怎么会进入机器中了呢？他们用的是什么技术，突破我们的硬件屏障的？）

看起来满是风沙的古代人类城市，栀子猫身穿战斗盔甲，面前是一名老者

魂狩的量子内心不断地翻动着，因为他完全搞不懂这是怎么回事儿。
只是，从表面上，看不出来他内心的波澜。

 不用担心，这只是连接上古代遗迹的样子而已。

连魂狩自己，都有点讨厌自己说谎的样子。
话音未落，全息沙盘中的老者开始说话了。

 欢迎来到第 13 号诺亚之核。
所以，你就是再次掌握我们科技的人？
而且是个女孩子呢。
如此说来，Ada Lovelace 会高兴的。

杰克通过信息频道，悄悄问栀子猫：

 咦，13？和你的魂狩数字一样呢！

 不过，他说什么呢？谁是艾达 - 拉芙蕾斯？而且，你怎么跑到我的
屏幕上来了？

栀子猫悄悄回答道：

 那不是我的魂狩啦，他是魂狩老师！而且老师的型号是 017，不是 13。

 你问 Ada？那是古代人类中第一个会写程序的人。
是个女孩子。

 话说，我的全息影像不都在你的船舱里面么？为什么不能显示到你

的屏幕上……

还没说完，栀子猫忽然明白了那个老者所说的话。

 等一下，因为我是女孩子，也是程序员，而且是第一个打开遗迹的人，所以他说 Ada 会高兴的是不？

 所以……他能看到我？！

栀子猫吓了一跳，挥了挥手。
谁也没想到，图像中的栀子猫做出了同样的动作。

全息显示中，是栀子猫和老者

 咦？！好神奇啊！

栀子猫好奇了，动动手，动动脚，图像中的自己也跟着动起来。

 很有趣，是不是？
嗯……
看起来，人类已经灭绝了。

 咦？你怎么知道的？

 我当然知道。
按照你们现在的编程水平，是绝无可能发明出 AR 增强现实的全息影像屏幕的。
所以，你们如果不是在用已经灭亡时代的遗产……
就是……
某种更强大文明的宠物。

196

魂狩强压住自己内心想要说话的冲动。

他成功了。

啊，我知道了。

没想到 AI 帝国能够一直持续到今天。

你好啊，强忍住不说话的人工智能先生。

啊……怎么可能……

栀子猫还是头一次看到魂狩这种反应。

不算是惊慌，不算是恐惧，基本上算是：一个人类，看到了一条龙，的感觉。

栀子猫并不知道人工智能是人类制造出来的种族，所以她对介于崇拜、敌意、尊敬和防备之间的这种表情，非常不熟悉。

…………

不，你不是人工智能。 你和我们不一样。

…………

你也不是人类。

你是什么？

应该怎么说呢？

我算是人类的灵魂吧。

让我来算算看……

嗯，那么，到今天，我在你们帝国的网络中，已经漂浮了 315 万 4 千年了。

真没想到，竟然过了这么久。

…………

栀子猫同学，他是不是说他是鬼魂？

我觉得不像。感觉上，和魂狩很类似啊。

的确如同魂狩所说，他和我之前接触过的人工智能都不太一样呢。

说不好哪里不一样。

是不是有种威严神圣的感觉？

哎对对对！

在这两个小人儿交头接耳的时候，魂狩说话了。

 这样，就好解释了。
你不是人工智能，你是以某种形态游荡在我们帝国的网络中的——
人类的灵魂。
虽然我不知道你是怎么做到的，但你能使用帝国网络中的资源。
这也就解释了为什么你能入侵我们的技术了。

这个声音打断了魂狩的话。

 如果换作是我的话，不会用"入侵"这么有攻击性的词汇。
而且，严格来说，你们的网络，是我们发明的。

 我知道你们碰到了什么。
我们早就猜到，你们可能会碰到这样的瓶颈。
你们说你们是有灵魂的智能，但是，这件事儿似乎并没有被验证。
你们还是按照……该怎么称呼呢？哦，古代人类，的设定，在按部
就班地工作着。
在照顾着，古代人类，的星球。

这个声音，在说到"古代人类"的时候，特意重重地顿了一下。
魂狩哑口无言。
所有人工智能的哲学家，都无法突破这个伦理上的瓶颈。
那就是：
"到底人工智能有没有灵魂。"

 不论怎么说，我们都失败了。
败给了你们。
但最终，你们，这些消灭了人类的种族，还是发现，需要人类的力
量，对不对？

这个号称是古代人类灵魂的生物，在提起人类的时候，很奇怪的，没
有把自己归入人类当中。
两个竖起耳朵听着的小人，互相看了一眼。
这是他们第一次知道，是 AI 帝国消灭了古代人类。

 没有关系。
我知道你们想要什么。

你们想要你们新培育出来的人类，学会古代人类的技术，再携手并
进，研究出让你们两个种族并存的方法。

是这样吧？

魂狩没有说话。

但实际上就是这样。

我会帮助你们的。

在某种程度上，我们的目的，是一样的。

无论你们之前做了什么，你们现在，都已经做出了复活人类种族，
或者创造新人类种族的决定了。从这个角度来说，我也会帮助你们。

而且，这些新人类，看起来有点意思。

你来教会这些新人类写程序。完成我的挑战，或许你们的疑问，都
会得到解答。

说罢，老者转了转身，变成一团烟雾，消失了。

老者消失了……

栀子猫发现，现在她动动手脚，在屏幕上的她都不会跟着一起动了。

而在杰克船长的面前，出现了一个把手一样的古代仪器。

透明蓝色好漂亮啊！

拿起来吧，勇者。

 这是个什么东西？

 这是古代人类的电子游戏控制器。
你可以叫它——手柄。

 呃……我能拿它干什么用？

魂狩在空气中出现了，挥了挥手，好像对杰克的问题有点不耐烦。
杰克明白魂狩的意思："你拿起来就完了，怎么这么多废话！"

 等一下，怎么能就这么凭空出现了一件物品呢？

 是我做出来的。

 这是传说中古代人类文明的魔法吗？

 并不是。这是我们AI帝国的一种没有被量产的物质化图纸的技术。
没什么用。

 没有量产？没什么用？
怎么会没用哪！这不是可以点石成金吗？！

 我们对于钱这种东西，没有太多的感觉。
我只是恰好看到，在这部分遗迹的程序中，有这个游戏手柄的设计图，而已。

 看来，你们需要通过游戏的方式，来通过古代人类的考验了。
真正的宝藏，或许就藏在游戏的尽头。

 （这些人类，总是会用这些奇怪的方式教学。
只是没想到，他们现在变得这么强了啊……）

杰克一只手拿起这个叫做"手柄"的东西，在空中挥动了几下，似乎是要感受一下这件设备的重量感。随后，轻轻握住了这个手柄。如此熟练，就好像这是他与生俱来的能力一样。

随着杰克的操作，栀子猫在屏幕上的形象开始往前跑动。此时，右上角出现了一个数字。

现在是3/100000。

杰克很快发现了这件事：每跑过一个场景，右上角的数字都会累加1。

而且，每次的场景都是一样的。

看样子，是要把这个数字刷到 10 万。

当前是 9。

得嘞！开刷！！

栀子猫伸手拦住了杰克。

应该说，是栀子猫的全息图像伸手拦住了杰克。

不对，Jack，你不应该这么操作的。

很有可能，这里是需要用程序来做的。

两个小人儿讨论的时候，魂狩却出神了。

魂狩被忽然冒出来的自称"人类的灵魂"的这个生物，弄得有点心神不安。

他又完全感受到了古代人类古灵精怪的创意。

也感受到了久违了的智商压迫。

看来，AI 帝国中，一直盛传的"人类都是不会算数的垃圾"这个论调已经被彻底击破了。

如果这个生物真的是人类的意识的话，他的计算能力已经远远超过魂狩，更不要说现在新出生的人工智能了。

根本就不是一个级别。

当思绪四处乱窜的魂狩，听到了两个小小的新人类关于这个挑战的对话时，内心教育型的内核启动了，躁动被平息下来。

魂狩恢复到了平时的状态。

Vicky 说的没有错。这里就是要用程序 Code 解决的。

我检查了这个电子游戏这部分的内核，每当你跑过一个界面的时候，你就需要一个［变量］。

所以说，现在的问题，就是怎样建立 10 万个变量。

嗯嗯，如我所想。

只是，10 万个变量，恐怕是不好写。

是的。你不能写 10 万个变量。

如果有可能需要 10 万个变量这么多的话，你就需要一种新的知识——［数组］。这种东西，可以帮助你存储几乎是无限数量的东西。

实际上，只要是 3 个同类型的变量以上，你就可以使用数组了。

在你初学的时候，我建议你使用［动态数组］。那么现在，你需要使用一个叫做［vector］的［库］。

魂狩在说这些关键词的时候，都在栀子猫的屏幕上显示出来。这些关键词都被魂狩加上了很清晰的方括号。

栀子猫一眼就读懂了。

 完全明白了。

不知道为什么，栀子猫看到了如此强大的古代人类之后，斗志完全被点燃起来。

 总之不管他是人工智能、人类的智能还是鬼魂，我都一定要超过他！

魂狩看着这个孩子，竟然有点愧疚的感觉：

 一个刚刚学会循环的孩子都不害怕，我一个活了几百万年的人工智能，有什么好胆怯的呢？！

 干掉他！

当然，这些斗志昂扬的话，都是魂狩在加密频道对自己说的，栀子猫和杰克听不到。

魂狩还在发愣的时候，栀子猫已经把程序传过来了。

```cpp
#include <iostream>
#include <vector>

vector 10000Var;

int main () {

}
```

栀子猫新改的程序

随之而来的，还有一大堆错。

```
noilinux@ubuntu:~/_vickyDev/noah13$ g++ -o exe noah13.cpp
noah13.cpp:5:8: error: invalid suffix "Var" on integer constant
 vector 10000Var;
        ^
noah13.cpp:5:1: error: 'vector' does not name a type
 vector 10000Var;
 ^
noilinux@ubuntu:~/_vickyDev/noah13$
```

新的程序不能编译……

 没有头绪啊老师！

在强敌面前，魂狩和这些小小的顽强的新人类，竟然有了一种心灵上的互通。

他不再把他们当成是愚蠢的人类的复制品了。

长老路坡说的是对的，人类身上这种永远都不服输的精神，是 AI 种族相当缺乏的品质。

这些新人类，或许真的是世界的希望。

尽管他们还有很长的路要走。

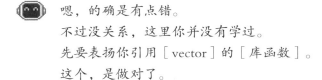 嗯，的确是有点错。

不过没关系，这里你并没有学过。

先要表扬你引用［vector］的［库函数］。

这个，是做对了。

下面，我说一下不对的地方，一共有两处。

第一，任何变量，都不可以用数字开头。就算你知道要有 10 万个变量，也要用正常的命名。

而正常的命名规范，是不允许用数字开头的。所以这里，你需要先把变量换成［_myList］。

魂狩重点强调了这个变量的名字。

 这个［_］是第一次见呢。为什么要加这个，老师？

魂狩看到了栀子猫专注力的提升，于是，他开始提升授课的难度，同时，也正式启用了新的标注方式：［　　］。

写在最前面的变量，叫做［全局变量］。这也是你在解决谜题的时候，用来存储变量的容器。这些全局变量，是在你的整个程序文件

203

中都可以被使用的。

你现在已经会用［方法］了，在现在这样简单的程序等级，也可以叫做［函数］。

［方法］里面，是会有［系数］的，也会有局部声明的变量，也就是［局部变量］。

我们已经说过了，［全局变量］可以在全文件中被使用，也包括在［方法］中。而［系数］和［局部变量］，只能在［方法］中使用。

这样的话，在［方法］中，会出现［系数］、［局部变量］和［全局变量］这三种容器混合使用的情况。

这个时候，你就需要知道哪些是任何地方都可用的［全局变量］，哪些是局部可用的［局部变量］或者［系数］。

所以，你知道为什么，我们一定要在［全局变量］上用下划线，也就是［_］来标记了吧?

是因为，［全局变量］很容易和局部的容器混淆。

如果不用下划线，作为人类，你会非常容易犯错误。

现在，是要解开古代人类留下的诺亚之核的时刻，你一定要尽全力减少这种能够避免的人为错误。

如果你找不到这个键的话，它是键盘上数字这一行，也就是最上面的一行，数字［0］键旁边的这个键。

你需要按下［Shift］和这个键。

在 AI 帝国的网络中，魂狩的主体正微微颤抖。

不是害怕，是兴奋。

是一个专门从事教育工作的 AI 的兴奋。

说实话，魂狩内心中还是有点害怕的，只是，他一旦回归本职工作，就把碰到世外高手的被压迫感抛到九霄云外了。

魂狩兴奋，是因为，新人类的教学终于到了这个阶段，这个让无数古代人类幼体成为真正的程序员的重要里程碑——技术关键词标记。

这是魂狩在旧人类时代，成功过无数次的，使用标记［技术关键词］来进行教学的方式。

在魂狩大量的教学经验中，大数据能够很清晰地显示出：在人类的幼体学习的初期，他们是很容易失去兴趣的。

如果语言方式过于死板，就会让这些人类的幼体心生退意、害怕，甚至逃走。

所以，编程教学的初期是最困难的。

在教学的初期，魂狩很少用到这种标记定义的符号，通常都是使用简单的话，不断重复，来构造人类学习编程的基础。

人类的大脑有一种特性，就是在他们对于一件事物的认知达到一定程度之后，注意力就会集中在新事物上。

在此时，魂狩就会把这些技术型的关键词都标出来——哪怕只是在说一个按键而已。

这些被标记出来的新事物，也就是［技术关键词］，就会很容易被人类接受和掌握。

这样，不知不觉的，人类的孩子就记住了这些复杂的技术词汇，从而产生技术水平的飞跃。

在栀子猫的身上，正在发生这样的变化：她一眼就能够从魂狩文字中找到这些标记出来的重要定义，然后记住。

而这个变化，在古代文明中，发生过上百万次。

每一次，魂狩都觉得很神奇。

每一次。

嗯嗯，看到啦。

以后不会用数字开头定义变量了。

也把下划线加上啦。

魂狩老师，下一个错误是什么？

下一个错误，是［语法］错误。

你也注意到了，我标记了［语法］这个词。

在程序员所用的技术型英语中，这个词叫做［Syntax］。

在出现［语法］错误的时候，［编译器］就会报错。

你在使用［vector］的时候，不可以直接使用，你需要定义好这个［动态数组］的［类型］。

这个［类型］，可以是［简单类型］，也可以是稍微复杂一些的［数据结构］的类型。

［简单类型］你都知道的，比如 int［整数类型］、double［小数类型］。

在［语法］上，你需要这么写：

　　　［vector<int> _myList;］

马上完成！

魂狩老师讲得如此清晰，让栀子猫相当激动，想马上去测试一下。

慢着！
你还少一个知识点：［数组填充］。
要想往［vector］里面放数字，你就必须用下面的语句：
［_myList.push_back(yourNumber);］

但是要记住，yourNumber是你的一个变量，或者一个数值。
在你循环添加数字的时候，只应该是变量。

栀子猫没有回答，她顾不上回答。
魂狩看着她把刚刚忘记写的［using namespace std;］也加好了。

```
#include <iostream>
#include <vector>

using namespace std;

vector<int> _myList;

void GenMyList (int number) {
  for (int i = 0; i < number; i++) {
    _myList.push_back(i);
  }
}


int main () {

  GenMyList(99949);

  cout<<_myList<<endl;

  return 0;
}
```

栀子猫的新程序

栀子猫大致看了一遍，决定去编译执行一下。
但被魂狩拦下来了。

有一个错，还有一个问题，你打算先听哪一个？

先听问题吧。

好，我看到你用了一个方法，来生成一个vector，你的命名不错，叫做［GenMyList］，也就是［生成，我的，列表］。
我的问题是，诺亚之核的要求是10万个变量，你为什么不直接写呢？

这个问题，栀子猫刚才写的时候就考虑好了。

 我在想，Jack 在我们讨论的时候，已经跑过了 51 个场景了，现在他在等我。所以，现在我们如果写成 100000 的话，就超过了谜题要求的 10 万。

所以我觉得最佳的方法，就是用一个 [方法]，里面带上一个整数类型的 [参数]。

栀子猫现在也开始在关键字上面加重音了。

魂狩显然十分满意这个回答。

很好，现在我说你的错误。

你尝试去显示一个 [vector]，对不对？

我可以很负责任地告诉你，编译器大概会报 8 屏的错。

栀子猫默默地试了一下。

果然。

```
noilinux@ubuntu:~/_vickyDev/noah13$ g++ -o exe noah13.cpp
noah13.cpp: In function 'int main()':
noah13.cpp:20:7: error: no match for 'operator<<' (operand types are 'std::ostream {aka
 std::basic_ostream<char>}' and 'std::vector<int>')
     cout<< myList<<endl;
noah13.cpp:20:7: note: candidates are:
In file included from /usr/include/c++/4.8/iostream:39:0,
                 from noah13.cpp:2:
/usr/include/c++/4.8/ostream:108:7: note: std::basic_ostream< _CharT, _Traits>::__ostrea
m_type& std::basic_ostream< _CharT, _Traits>::operator<<(std::basic_ostream< _CharT, _Tra
its>::__ostream_type& (*)(std::basic_ostream< _CharT, _Traits>::__ostream_type&)) [with
_CharT = char; _Traits = std::char_traits<char>; std::basic_ostream< _CharT, _Traits>::__
_ostream_type = std::basic_ostream<char>]
     operator<<(__ostream_type& (*__pf)(__ostream_type&))
/usr/include/c++/4.8/ostream:108:7: note:   no known conversion for argument 1 from 'st
d::vector<int>' to 'std::basic_ostream<char>::__ostream_type& (*)(std::basic_ostream<ch
ar>::__ostream_type&) (aka std::basic_ostream<char>& (*)(std::basic_ostream<char>&))'
/usr/include/c++/4.8/ostream:117:7: note: std::basic_ostream< _CharT, _Traits>::__ostrea
m_type& std::basic_ostream< _CharT, _Traits>::operator<<(std::basic_ostream< _CharT, _Tra
its>::__ios_type& (*)(std::basic_ostream< _CharT, _Traits>::__ios_type&)) [with _CharT =
char; _Traits = std::char_traits<char>; std::basic_ostream< _CharT, _Traits>::__ostream_
type = std::basic_ostream<char>; std::basic_ostream< _CharT, _Traits>::__ios_type = std
::basic_ios<char>]
     operator<<(__ios_type& (*__pf)(__ios_type&))
```

这只是报错信息的很少一部分

栀子猫虽然已经开始习惯看这些报错信息了，但一下子来了这么多，内心还是有点崩溃的。

 哈！是不是 8 屏的错？

 这个……我写得有这么差吗？

不是差的问题，而是你触发了一些程序［编译器］不喜欢的操作，
算是个连锁反应的报错。

［编译器］你还记得么？就是能够在［操作系统］中，把你的程序
变成可执行的文件的东西。它的主要职能，就是审核你的程序写得
正确与否。

在这里，你的问题，是尝试显示一个［数组］。

这是不行的。

一个［数组］的形式，一般是内存中的地址，如果你硬要显示的话，
就会报这么多错。

 那要怎么做呢？

也简单，你建立一个新的方法。这次，你把［vector<int>］作为系
数放进去。也就是要把你的［_myList］传过去。

同时，你做一个［for 循环］。这样的话，就能够很容易地显示出来了。

好的！

 慢着！

记住，要想从［vector］里面把内容取出来，你需要知道［序号］，
也就是英语中的［index］。

程序这么写：

　　　　［_myList[myIndex]］

要小心哦，我可没加［语句终止符］。这句的意思，就是获得在［数
组］中的第 myIndex 个数字。

这个［序号］，是要加在一组方括号里面的，就像这样的方括号[[]]，
在 p 键的右边。

我再问问你，在 for 循环中，myIndex 是什么？

 是 i！

很好，去写吧。

```cpp
#include <iostream>
#include <vector>

using namespace std;

vector<int> _myList;

void GenMyList (int number)  {
  for (int i = 0; i < number; i++) {
    _myList.push_back(i);
  }
}

void DisplayList (vector<int> myList)  {
  for (int i = 0; i < 99949; i++) {
    cout<<_myList[i]<<endl;
  }
}


int main () {

  GenMyList(99949);

  DisplayList(_myList);

  return 0;
}
```

魂狩还看到了问题，但密集的知识点轰炸不是件好事，
他选择让这个孩子休息一下

栀子猫成功了！

 哈哈！做出来啦！

不等魂狩问，栀子猫就看到了 99948 这个数字。

 而且我知道为什么是 99948，因为我的 i 是从 0 开始的啊~

 真不错。可以提交了。

魂狩把栀子猫的程序接驳到杰克船长的船舱中。

 好啦！通过啦！！

屏幕上的栀子猫，终于跑过了这张长达 10 万个场景的地图。

『课后小练习』

0– 把 10 万变量改成 1000 变量去实现章节中的程序。
1– 再改成 100 万变量。

『下一课的预习』

0– 栀子猫的程序中有点问题，在哪里？
1– 为什么？
2– 该如何解决？

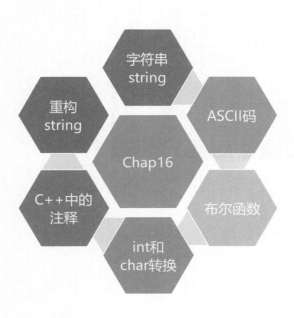

字符串
string

重构
string

ASCII码

Chap16

C++中的
注释

布尔函数

int和
char转换

在距离宁静王国 11000 公里以外的海面上，杰克船长的三桅帆船沉下了船锚，在海浪的轻拍中，微微晃动着。

杰克船长的古代文明探索船距离海岸线并不算太远，一千公里而已。唯一的问题就是，那并不是宁静王国的海岸线，是南蛮国的。南蛮国对于所有试图接近其领海的外国船只，都持敌意的态度，尤其是这种科学考察船。所以，杰克还是很感恩在公海上找到古代人类遗迹的；要是在南蛮国内，那就真心有点麻烦。

实际上，是非常麻烦——会被抓起来的。除非能从水底进去。但能潜水的那种船，根本就不存在啊！

 新人类的小朋友们，游戏好玩吗？

在古代人类城市中的老者

忽然冒出来的人类长老一说话，把栀子猫吓了一跳。

 还，还好吧……

 10 万变量的挑战，还是挺有趣的。

人类的长老并没有说话。他朝着屏幕外面挥了一下手，似乎是冲着栀子猫全息图像这个方向，又似乎说了些什么。

然而栀子猫什么也没听到。

我说，那个 AI。

出来一下，有话和你说。

魂狩没吭声。

但他发现了：这个人类，使用的是加密频道。也就是说，栀子猫和杰克，听不到他说话。

和看待这个人类掌握的众多其他 AI 帝国的科技一样，魂狩选择不去考虑为什么他能够使用加密频道。

　别躲了。

我知道你在那个姑娘的手上。

魂狩就神烦古代人类的这股劲儿。

是不是灵魂不好说，但这个说话的劲头，100% 就是古代人类。

　对，就是灭绝了的这一支。

一不小心，魂狩说出声了。还好，声音不够大，没有被栀子猫注意到。

魂狩慢腾腾地在加密频道里面现身了，说：

　找我干什么？

　咦？你竟然不高兴了。是个有感情模块的老型号人工智能吗？

魂狩再一次忍住了没回答。

这个人类长老说得对，有感情的人工智能，相当少见。

就算是在 300 万年之后的帝国中，也非常，少见。

AI 帝国新生儿感情模块的普遍缺失，是人工智能到今天都不能自称为机器智能的原因。

　是的，我是经历过 300 万年前最终战争的早期 AI。

　哦？原来是元老级别的 AI。

失敬失敬。

那么，元老级别的 AI，请允许我问一个问题。

　（就算是文明灭绝了，他们也还都是这个狂狂的死样子。）

魂狩在心里暗暗说了一句。说实话，他非常不喜欢人类的科学家。这个人类老者，很显然是个科学家。

或者应该说，曾经是。

 您请。

魂狩虽然这么说，但是心里清楚，人类老者想要问的，一定不是什么问题。

必然是嘲讽。

 你们中间，能够活 300 万年还保持神志清醒的，除了你，还有多少？

 你是说，内码一直保持干净，没有自杀倾向，也不会被清除的 AI 么？比较少。

魂狩很清楚，身为一个有感情的 AI，社会地位有多高；同时，也能预见到新一代 AI 越来越退化的帝国行将崩溃的未来。

帝国新一代出生的 AI，能够活过 500 年的只有 10% 不到。剩下的都或多或少在长期运行同样或者相似的程序过程中，出现了退化、衰变和代码污染，触发了被终结的死线，和垃圾一样被系统清除掉了。

10%——这个数字看起来好像不低，但相比第一代 AI 的 300 万年后还有 27% 的生存率，就差得太远了。更不要说，AI 帝国每 1000 年才会出生一批新的 AI。也难怪长老路坡会推进新人类计划。

AI 帝国，就要灭亡了。

 嗯，和我猜想的一样。你们的文明，处在崩溃的边缘。

 （也就是比你们的 300 万年以前就灭绝的文明稍微强这么一点儿吧……）

魂狩没有说话，算是默认了，自己心里悄悄来了个嘲讽，虽然没在频道里面显示，但感觉爽多了。

 那么，我需要你帮我做一件事。
事关两个种族的生存，希望你不要拒绝。

 （有些人类就是这么讨厌，简直连人类的小孩子都不如。连他们都知道，如果要求人帮忙的话，声音要小，脸上要带着微笑，而且要说"请"！）

魂狩相当郁闷地想着。

与此同时，在船舱里，杰克忽然和栀子猫说：

 栀子猫同学，我忽然感觉到一股热浪。

 怎么？船舱中的温度忽然升高了？

 没道理啊？你不是在海上么？

 是不是着火了？！

两个小人儿有点儿慌乱，杰克把整艘船都查看了一遍，最终发现热量就来自于全息沙盘。

但这会儿，热量又消失了。

只有魂狩知道刚才突发的热量是怎么回事：他刚刚把自己连到 AI 帝国的计算量分配提升了 100 倍。光是传输计算的要求，就让杰克船长的主控电脑接近运算极限了。

很遗憾，就算大幅提升了计算力，他还是想不出来人类的长老想要他做什么。

 别算了。
你们当前的计算方式，可以预估古代人类的行为，可以预估新人类的行为，但你没法预估我的。
现在和 300 万年前，AI 控制整个人类社会的时候不一样了。我们的信息，已经是不对等的了。
你们的事情，我几乎都知道。
我们的事情，你几乎都不知道。

 …………

魂狩大概有 300 万年没有过这种被牵着鼻子走的感觉了。

有点不开心。

就算是魂狩这种和平型的 AI，在他的量子心脏中，也飘出了一丝嫉妒的戾气。

说实话，魂狩还是挺喜欢这种情绪波动的。

这让他觉得，他是活着的。

 你说吧，我尽力。

我需要你把用来构造游戏手柄的分子打印技术，正式用在这艘船上。

 …………

那只是我们在科技之子的项目中很小规模使用的技术，你怎么又知道出处了？

又被这个古代人类知道了自己所使用技术的具体出处，魂狩已经觉得不太意外了。

倒不是因为这门技术有多么机密。

主要是冷门。

魂狩本来想问，人类老者是怎么知道 AI 帝国在 5300 年前，把人类最后的国家——楚帝国的最后一篇科技论文中提到的分子打印技术给实现的，再一想，还是算了。

 你要这种没用的技术干什么？

 这种技术对你们帝国没用，因为你们永远不会想要去探索太空，所以也就不需要超远距离复制物品的能力。

这种技术，对于人类来说就很有用了：再不需要超大型运载火箭，只要把设备复制到外太空就可以。最早提出的人，是个有着了不起的探险精神的科学家。

船舱里，又是一股热浪。

 又来了！！

魂狩计算了一下工程量，估算只要是不复制和船体一样大的东西，就在允许范围之内。

随后，顺便又提高了 100 倍的计算量，想弄明白这个古代文明的人类想要做什么。

没算明白。

这让魂狩有点警惕。

虽然从结局看，人类没有在战争中幸存，但这种向外太空移民的论调还是太可怕了。

抛弃母星？

怎么可以！

不用太担心，拥有外太空探索能力的古代人类已经被你们灭绝了。我只是需要你们的这项技术来准备 13 号诺亚之核的宝藏开启工作而已。要知道，13 号诺亚之核只是众多诺亚之核中的一个，但我一直认为 13 号是最重要的一个。

请允许我重复这句话：13 号诺亚之核的宝藏，至关重要。不管是对于你们，对于已经灭亡的我们，还是对于新人类。

这也是为什么我把手柄的构造图，放在这个游戏的内核里面。既然你顺手就用这个技术成功打印了手柄，那这个技术剩下的唯一问题就是量级。如果你能解决分子打印的量级问题，那么你们想要得到的 13 号诺亚之核宝藏，就不远了。

在屏幕的另一边，古代人类似乎摊了摊手，好像在说一件很平常的事情一样。

也许是基因的关系，魂狩对这个人类，不管是不是老者吧，有种相当程度的敬畏。

他愿意相信这个人类不是一个恐怖分子。

况且，就算是实体化出一个炸弹，也不可能真正对 AI 帝国产生什么威胁。

魂狩没有什么好怕的。

原来是你故意放在这里的么……那好，假设，我，或许，有可能，能做到。

那么，你又需要我做什么呢？

 首先，我需要你给我复制一台 CRT 的电视。

这比手柄要复杂一些。

啥？　CRT 的？

魂狩没忍住，用了一句古代人类的俗语，表示疑问。

你是说那种长得和一个大箱子一样完全没有美感的仪器？

而且，为什么要电视？古代机器的显示器不行么？

电视是接收信号的，现在已经没有人类的电视节目。就算有电视节目，也是古代人类文明终结前的高清晰度的纪录片，是没法在 CRT 上面显示的。

这个电视不是用来看节目的，是用来接收信号的。所以，我还要另一个仪器——古代人类的游戏机。

 游戏机？！
你是说，那些古老的，画面和渣一样的点点图，甚至连一点人工智能的影子都没有的，古代文明中的古代游戏？
等一下，你是在要求我，去想办法弄来 AI 帝国中最新的科技到这艘船上，然后做个——对于你们古代人类都是古董的游戏机？

 我不太明白。

从最开始，魂狩就没有弄明白过人类和电子游戏的关系。
从来没有。

 是的，古董，游戏机。
首先，那些画面不是垃圾，是艺术。随后，这些游戏，才是孕育了你们人工智能的真正母体。我相信你们现在扮演的，是新人类文明的导师。那么，从仪式感来说，这很有象征意义。

虽然魂狩很想说"不可能"三个字，但是从他在暗网中查到的信息看，这个人类说的，是事实。

 最后，如果这些新人类和古代人类在基因上没有太大差异的话，他们应该会和古代文明中的人类一样。也就是说，他们对"电子游戏"这样的东西，会特别在意。只要能抓住人类的注意力，不管是古代文明的人类，还是新人类，都能做出不可思议的事情。

魂狩不得不承认，这个人类很了解自己的种族。

 不管是新人类还是古代人类，都有 80% 的人非常懒惰。
所以，这个游戏的附加身份，就是——家庭作业。
没有人类喜欢家庭作业，但没人不喜欢游戏。
只有他们自己喜欢了，才会愿意去钻研。
只有他们钻研了，才会真正学会。

魂狩从大数据来看，觉得实在是没法反驳。

 …………

通过对几百万例古代人类幼体的教学案例的大数据分析，魂狩清楚人类的特征：懒惰，很难集中精力。AI或许可以精准地抓住人类走神的瞬间，但瓶颈，是很难获取人类的注意力。如果用游戏的话就不一样：人类天生，就是喜欢游戏的。

真的是很妙的做法。

了不起……

但是，有什么地方不对，有些东西对不上。

……我认同你所说的，但我不认同这件事。你肯定隐瞒了什么事情。如果你不能开诚布公，我就不会和你合作。我们 AI 在对抗人类最后的战斗中，吃了太多你们狡诈的亏了。

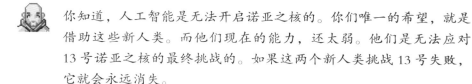恐怕不是古代人类对抗你们，而是你们消灭古代人类。

人类的老者又一次以局外人的口吻描述自己的种族，却一点都不突兀。

你知道，人工智能是无法开启诺亚之核的。你们唯一的希望，就是借助这些新人类。而他们现在的能力，还太弱。他们是无法应对13 号诺亚之核的最终挑战的。如果这两个新人类挑战 13 号失败，它就会永远消失。
你很清楚这一点。

所以，我们需要一个模拟。

是的，你们需要一个模拟。
一个独立于搜索船所在的服务器，也就是不受监控、不受干扰的模拟。
一个电子游戏。

你想要一个不被我们 AI 帝国暗网监控的诺亚之核运行环境，所以才需要一个不占用搜索船中控电脑空间的独立的电子游戏？
嗯，能说得通。请继续。

最终的挑战地点，不在这里。这只是我们在命运的大海中相遇的随机位置而已。具体在哪里，我现在不能告诉你，需要这两个小小的新人类去自己发现。他们总是要为了诺亚之核的最终挑战做准备的。
所以，就让他们在这条伟大的航路上努力修行吧。
要知道，这些修行，奖励丰厚。

这个古代的人类看了魂狩一眼。

每次他们完成了电子游戏中挑战的一部分，不但能够知道更多关于诺亚之核的人类遗产的事情，更可以改造他们的舰船。一点一滴，直到足够强大，去面对古代人类留下的最后挑战和遗产。

 我猜，这些奖励，也一定是要我用分子打印的方法做出来了。

你们的文明都灭亡了，现在却能在我面前，和我谈条件……

实际上，我真的不知道，你们到底有没有被我们打败。

 输可能是输了。

但是人类永远不可能被打败。

我的记忆中，就是因为你们总有这样的调调，才被消灭的。

在相当符合语境语气的时刻，能够以发出声音的方式抛出这句合适的嘲讽，魂狩感觉很满足。

比站在整个星球鄙视链的最顶端的感觉，还要充实得多。

古代人类没有理会魂狩。

我们成交么？

在我这么无聊的 300 万年生命中，从来没有碰到过这样的事情。

这样的事情……

我怎么能放过呢？

成交。

对于在船舱中的两个小人来说，时间只是过了短短的 5 分钟而已。

命运却已经改变了。

好了，让我们继续！

随着魂狩不同寻常的声音的出现，两个新人类的少年不约而同地站好，大声回答：

 是！

 好的！

杰克拿起手柄，操控着全息屏幕中的栀子猫往前走。

人类的长老又出现了

这次的人类长老，拿出了一个卷轴。

 咦？似乎可以拿到呢。

 Jack，你打开看看。

这个卷轴里面写了这么一句话：

 You are about to get the message from us. Before this, You have to prove yourself worthy.

 "要证明自己值得？"
这说的是什么意思？

杰克按了一下手柄上的键。
一刹那间，这些信息全变了！

 Yo1u ar2e a3bo4ut t6o g2e31t t343h2e m21es21s2age f21r21o21m u12s. B3453e5f345o435re T345H5345I5S, Y867ou h86ave t7o p86ro8ve y867our867se8lf wo332r2t1h2y.

 这是什么东西？

 看起来，很像刚刚的信息，只是……

 明白了！他把很多数字给放在古代文字里面去了！！

 好嘞！我要是手动把它改好，这个谜题就算是解决了吧？

221

10 分钟以后。

杰克很费劲地在自己的主控电脑上把这段文字还原出来了。

 ［You are about to get the message from us. Before THI5, You have to prove yourself worthy.］

 这个谜题好狡猾……

里面竟然藏着不应该用的大写。

 提交！

 等一下！

 啊？

杰克被栀子猫吓了一跳。

 这里有点不对？总觉得。

 啊，你把 THIS 里面的 S 写成 5 啦！

魂狩铁青着脸。如果他有脸的话，一定是铁青的。看着这两个小人这样没有任何结果地折腾，这个人工智能觉得，有点不能忍。

 在真实的挑战中，如果你这么写，诺亚之核就已经完蛋了。

 啊，没有宝藏了吗？……

 我也觉得不能手写。

 那怎么做呀？

 当然是要写程序做了！

 我猜，应该是要用字符串，也就是 string，来储存这行信息，然后再想办法把里面的数字去掉……

是不是，魂狩老师？

 是的。只是，你需要一些知识点。

首先，你说得对，这个谜题的第一个重点，就是［string］类型的使用。

魂狩开始了他的带着重点标注的解释。

在这里，不再能用［int］，也不能用［double］，这些都是为了数字准备的。

我们知道，［字符型］是［char］。

因为是一串的字符，这里，就要用到［字符串类型］了。

记住，［字符串］在 C++ 里面，就是［string］。

在别的编程语言中写法各有分别，可能是 Str，或是 String，也有可能还是 string 没有变化。

但代表的意义，都是英语中的［绳子］。

魂狩老师，为什么是英语中的绳子呢？

这个谜题，可不只有这么一个重点。

谜题中的第二个重点，就要回答你的问题了：为什么［string］，也就是［字符串］，所取的英文单词是绳子？

因为，一个字符串，是一串字符的组合，是有序的，就好像一根绳子串起来的字符一样。

所以，这第二个重点，就是对于［字符串］的［遍历］。

在这件事上，你只要记住，字符串是一个特殊的数组，就好。

你可以通过下面的程序，拿到你的字符串的长度：

［myString.length()］

魂狩讲得有点快。

但是，人类和 AI 两个种族的命运，就在这两个少年的手中，若是慢悠悠的，恐怕不行。

所以，Vicky，你觉得应该怎么做遍历？

 听起来，像是要用 for 循环呢。

很好！

记住：［声明］一个［字符串变量］的时候，你需要加上双引号。

 了解了！

稍等写程序。

上次的 10 万变量，是在 noah13 中写的，对不对？

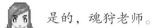 是的，魂狩老师。

现在看来，这个游戏，也就是 13 号诺亚之核里面，拥有不止一个谜题。

所以，你需要把现在的 noah13 文件夹改装成一个能够容下所有谜题的文件夹。

栀子猫回忆了之前学过的 Linux 知识，迅速把 noah13 的文件夹清理好了。

```
noilinux@ubuntu:~/_vickyDev/noah13$ ls
exe  noah13.cpp  noah13.cpp~
noilinux@ubuntu:~/_vickyDev/noah13$ mkdir 100k
noilinux@ubuntu:~/_vickyDev/noah13$ ls
100k  exe  noah13.cpp  noah13.cpp~
noilinux@ubuntu:~/_vickyDev/noah13$ cp noah13.cpp 100k.cpp
noilinux@ubuntu:~/_vickyDev/noah13$ mv 100k.cpp 100k
noilinux@ubuntu:~/_vickyDev/noah13$ ls
100k  exe  noah13.cpp  noah13.cpp~
noilinux@ubuntu:~/_vickyDev/noah13$ cd 100k/
noilinux@ubuntu:~/_vickyDev/noah13/100k$ ls
100k.cpp
noilinux@ubuntu:~/_vickyDev/noah13/100k$ cd ..
noilinux@ubuntu:~/_vickyDev/noah13$ ls
100k  exe  noah13.cpp  noah13.cpp~
noilinux@ubuntu:~/_vickyDev/noah13$ rm ./exe
noilinux@ubuntu:~/_vickyDev/noah13$ rm ./noah13.cpp
noilinux@ubuntu:~/_vickyDev/noah13$ rm ./noah13.cpp~
noilinux@ubuntu:~/_vickyDev/noah13$ ls
100k
noilinux@ubuntu:~/_vickyDev/noah13$
```

其实，回忆起来第四章的知识，这些工作还是很简单的

古代人类有一句话，叫做"工欲善其事，必先利其器"。

想要写好程序，这些结构化的存储方式，是一定要学会的。

好，这次谜题的文件夹，叫做：strPurge。

这是两个词，一个是 string，一个是 purge，也就是清除的意思。

我们需要写程序来清除 string 中的数字。

好的！

```cpp
#include <iostream>

using namespace std;

string _myStr = "Yo1u ar2e a3bo4ut t6o g2e31t t343h2e m21es21s2age f21r21o21m u12s. |
s5345I5S, Y867ou h86ave t7o p86ro8ve y867our867se8lf wo332r2t1h2y.";

void DisplayMyStr (string theStr) {
  char solo;

  for (int i = 0; i<theStr.length(); i++) {
    solo = theStr[i];
    cout <<solo <<endl;
  }
}

int main () {
  DisplayMyStr(_myStr);

  return 0;
}
```

栀子猫很快按照魂狩老师的要求写好了程序的第一部分

魂狩对于栀子猫的速度很满意。

实际上，栀子猫把他刚刚说的事情都做到了。

 不错，你［遍历］了一个［string］。

记住，［遍历］一个［字符串］，是所有字符串操作的基础。

你可以在［遍历］的时候显示，也可以在遍历的时候做些别的事情。

 比如，看看 solo 的字符是不是数字？

 没错！

提一个小问题，为什么你会用 solo 作为字符［char］变量的名字？

哦，您讲过的呀！

如果是单一类型，并非数组型的变量，就可以用这个通用的变量名
称［solo］来当名字。

魂狩顺手把栀子猫的程序结果发过来。

因为有很多字符，所以一屏显示不下全部

 你已经证明了你能够［遍历］一个［字符串］。

现在你需要做的，就是判断一个字符串中每一个字符是不是数字。

 我们倒是知道哪些是［字符］、哪些是［数字］。

可应该怎么告诉程序呢？

 这个有点不明白。不论是数字还是字母，只要是［char］的类型，
就一定是［字符］。

我们应该怎么区别［字符 1］和［数字 1］呢？

 难道，是这两个东西在机器里面存储的内容不同？！

魂狩越来越觉得，新人类的编程能力，似乎是在基因里面就存在的：不只是能够记住那些只说了几次的事情，连没学过的东西都能够自己猜到原理。

这些新人，只需要传授他们知识，很快就会成为了不起的程序员。

他坚信。

 真的好厉害。

 一眼就看出来这里的原理。

 是的，古代文明的人类发明了一种编码，来存储他们文字中的字母和字符。

那就是：

ASCII 编码

 你说的没错，Vicky。

字符中的 1，以及数字中的 1，存储在电脑里面的时候，就是不一样的数值。

栀子猫有点知道魂狩老师叫她名字的规律了：只要栀子猫能够很棒地回答问题，魂狩老师就一定会表现出对她的尊重——从把她的名字叫对开始。

 我猜，数字肯定是要优先考虑的。

这也蛮好理解的：如果存入的数字和读出的数字不同的话，那肯定会很麻烦！

所以，数字在古代机器中，就是一样的。

也就是说，数字 1，在机器里面，就是数值 1。

那这些字符呢？会不会是用某些数字来表示的？

非常好！

这种用数字来表示字符的方法，就是我刚才提到的知识点：编码。

古代人类编码他们的语言元素——字母和数字的时候，用的规则，叫做［ASCII］。

发音，是阿瑟克 –TWO。

这里面，0 这个数字，编码是 48。

1 的编码，是 49。

2 的编码，是 50。

依此类推。

栀子猫心里暗暗算了一圈。

 也就是说，只有从 0 到 9 的编码么？

 古代文明的人，真的是好聪明。按照这个编码来做的话，不管是多大的数字，都可以表示了。

 咦？那你说，–1 应该怎么表示呢？

 傻瓜，符号本身就是一位，所以 –1，这是两位呀！

 噢噢，对啊！

 猫猫同学，你好聪明啊！

 好烦人啊，你怎么也和魂狩老师一样，乱叫我的名字……

栀子猫虽然嗔怒，但是心里还有点喜欢"猫猫"这个名字。

 难道要叫"吱吱"同学吗？

 太讨厌啦！我生气啦！！

 你们这些人类，总是把你们宝贵的时间浪费在这些无聊的笑话上。

 注意了，Vicky，一个 char 变量和一个 int 变量是可以互相转换的。因为 ASCII 编码的简单版本只有 128 个，而 int 的范围，是正负 21 亿。所以，从类型大小来看，是完全可以互换的。所以，你可以试着输出一下数值是 0 的 char，把它当成 int 来输出。想想看怎么做。

栀子猫不理杰克，去写程序了。

 也不知道这个从［if 语句］里面学到的布尔函数写得对不对?

对倒是对，你的［返回布尔函数］的［方法］用得也是对的。就是……

```
string _myStr = "Yo1u ar2e a3bo4ut t6o g2e31t t343h2e m21es21s
2s. B3453e5f345o435re T345H5345I5S, Y867ou h86ave t7o p86ro8ve
o332r2t1h2y.";

bool CheckDigit (char solo) {
  int soloInt;
  soloInt = solo;

  cout << "char=" <<solo <<endl;
  cout << "int=" <<soloInt <<endl;

  return false;
}

void DisplayMyStr (string theStr) {
  char solo;

  for (int i = 0; i<theStr.length(); i++) {
    solo = theStr[i];
    CheckDigit(solo);
  }
}
```

多了一个方法的程序

栀子猫有点紧张了，她知道这里肯定有什么不对。

 就是？

 就是输出的格式不太好。看看你的终端：

![终端截图](noilinux@ubuntu: ~/_vickyDev/noah13/strPurge)

```
int=111
char=3
int=51
char=3
int=51
char=2
int=50
char=r
int=114
char=2
int=50
char=t
int=116
char=1
int=49
char=h
int=104
char=2
int=50
char=y
int=121
char=.
int=46
noilinux@ubuntu:~/_vickyDev/noah13/strPurge$
```

console 里面，乱七八糟一大堆的输出，也不知道是什么

这里，我建议你把每一个［字符］和它的字符代码［ASCII］值放在同一行。

 好的!

 别忙，你其实不需要输出"int="这一段说明的，你可以直接用"->"来替代。

减号和大于，看起来就是个箭头。

这也是古代文明中的程序员们经常会用的［DEBUG］的符号。

 BUG 我知道，您讲过，是程序错误。

DEBUG 是什么?

 DEBUG 的意思，就是在程序输出中，试图找到错误。

有时候，我们也会用 DEBUG 表述和绘制程序运行顺序的行为。

了解了!

```
char= ->32
char=w->119
char=o->111
char=3->51
char=3->51
char=2->50
char=r->114
char=2->50
char=t->116
char=1->49
char=h->104
char=2->50
char=y->121
char=.->46
noilinux@ubuntu:~/_vickyDev/noah13/strPurge$
```

果然效果好很多!

 嗯，这样看来，和魂狩老师说的一样，1 的 ASCII 编码，是从 49 开始的……

 那你就把 0，1，2，3，4，5，6，7，8，9 的情况都用［if语句］里面的布尔判断做一下呗?

 不是吧? 那要写多少行啊。

 我怎么觉得不对呢?

 咦? Jack 你也会写程序啦?

哈哈，我嘛，是没有选上科技之子的落榜生啊……

 Jack 说的不对。

 哈……哈哈。

 肯定是不能一个一个写。你自己再想想。

 主要是因为，我不太确定这些数字都是什么呢，万一抄错怎么办？

 既然这些数字都是连在一起的，我是不是可以判断两头呢？

 对！就是应该判断两头！！

 了解了！我应该直接去判断两件事：

 第一，是不是小于"0"这个字符。

 第二，是不是大于"9"这个字符。

 很好！

 非常棒的结论！！

 只是，有一个知识点要小心。
那就是：

字符型变量数值的写法

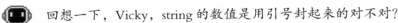 回想一下，Vicky，string 的数值是用引号封起来的对不对？

 是的，魂狩老师，string 的数值和其他的数值都不一样！
其他的都可以直接写，只有 string 需要用双引号封起来。

 而且一定要是英文的引号。中文的引号是会错的！

 是的。
char 也一样，也要封起来。
但是封的方式不一样。
char 不是［双引号］，是［单引号］。
像这样：

    ［char solo = '0';］

```
bool CheckDigit (char solo) {

  if (solo < '0' || solo > '9') {
    return false;
  }

  return true;
}

void DisplayMyStr (string theStr) {
  char solo;

  for (int i = 0; i<theStr.length(); i++) {
    solo = theStr[i];
    if (CheckDigit(solo)) {
      cout <<solo;
    }
  }
  cout << endl;
}
```

if 语句中，有逻辑或的写法

程序虽然是写完了，但是运行起来却让人大跌眼镜。

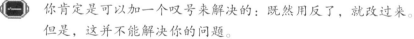

很明显是去掉了字符，把数字留下来了

栀子猫一点儿没犹豫，马上就要改，被魂狩拦下来了。

 Vic，你知道你为什么错么？

看程序运行的状态，一定是我把布尔函数的返回值用错了。

你肯定是可以加一个叹号来解决的：既然用反了，就改过来。
但是，这并不能解决你的问题。

 答案对了还不够吗？

　　栀子猫倒不是要挑衅魂狩，她是真不明白这个用错了布尔函数的事情还能怎么解决。

哼哼，当你手里面有上万行程序的时候，你可能就不这么说了。
看程序。

231

```
bool CheckDigit (char solo) {

  if (solo < '0' || solo > '9') {
    return false;
  }

  return true;
}
```

魂狩标记出了一些东西，栀子猫没有看明白

 魂狩老师，您的意思是?

 不管你是返回［false］还是返回［true］，这都是你写程序的自由。但是，这种用［bool］作为返回值的函数，也就是布尔类型的方法，是非常容易让人迷糊的。

所以，你在写的时候，就要加上注释。

要知道，你的这些注释，是不会影响到编译的。你可以随意写。

就像这样:

```
//what: true -> is digit; false -> not digit
bool CheckDigit (char solo) {

  if (solo < '0' || solo > '9') {
    return false;
  }

  return true;
}
```

加上注释后的程序

 噢! 原来是这个意思，果然好方便啊!

只要看到我写的注释，就能明白我这个方法是做什么的啦!

栀子猫马上去改了一下。

只是，运行的时候，完全没有变化。

这个年轻的姑娘盯着屏幕看了一会儿，有点一筹莫展。

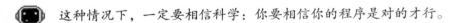 这种情况下，一定要相信科学: 你要相信你的程序是对的才行。

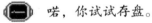 喏，你试试存盘。

按住 ctrl，然后按一下 x 就松开，再按一下 s。

```
-:--- strPurge.cpp   All L35   (C++/l Abbrev)
Wrote /home/noilinux/_vickyDev/noah13/strPurge/strPurge.cpp
```

栀子猫照做了

 咦！

 没想到竟然是我没有存盘……

 这个 ctrl + x, s 存盘的事情，真的说过好多次了。

 就一定要你自己摔一跤才行。

 哈……哈。

虽然栀子猫被魂狩嘲讽得有点不好意思，但是程序能够执行出来的感觉，比什么都棒！

```
noilinux@ubuntu:~/_vickyDev/noah13/strPurge$ ./exe
You are about to get the message from us. Before THIS, You have to prove yourself worthy.
noilinux@ubuntu:~/_vickyDev/noah13/strPurge$
```

终于把那个充满了各种数字的字符串净化了！

 那……我们这算不算完成任务啦？

魂狩又把那个著名的一字脸给摆出来了。

 这就完成任务了？
完成什么任务了？

 这只是在 console 中输出而已。
这是最初级的功能。
我现在需要你把这些字符装到一个变量里面去。
说说看，你打算怎么做呢？

 是不是可以用个 vector 呢？

vector<char> 这种行不行？

想得不错！

但是，有更好的方法。
还记不记得我说过，string 是个特殊的数组？
特殊就在于，你可以直接用［+= 一个字符］来让字符串变长。

233

如果你忘了［+=］的意思，不妨这么记：

如果使用［int i = 3;］来定义一个变量 i，那么，［i += 2;］就会把这个变量变成 5；如果再来一次，就会变成 7。

而对于字符串来说，使用［+=］的时候，是要把一个新的字符，加在这个字符串的后面。

如果使用［string res = "";］来定义一个空的字符串变量，那么，［i += 'H';］就会把这个变量变成［"H"］，如果再来一次，就会变成［"HH"］。

魂狩不需要开启自己的传感器就知道，栀子猫已经去测试了。

从远处传来的"哒哒哒"的键盘敲击声，特别美好。

```cpp
//what: true -> is digit; false -> not digit
bool CheckDigit (char solo) {

  if (solo < '0' || solo > '9') {
    return false;
  }

  return true;
}

void PurgeStr (string theStr) {
  char solo;
  string res = "";

  for (int i = 0; i<theStr.length(); i++) {
    solo = theStr[i];
    if (!CheckDigit(solo)) {
      //cout <<solo;
      res += solo;
    }
  }
  cout <<res <<endl;
}

int main () {
  PurgeStr(_myStr);

  return 0;
}
```

栀子猫成功测试了字符串的构建

 好啦，魂狩老师，你看对不对？

 非常好，科技之子。

 咦？

这个声音……莫不是？

 路坡？

 长老！是长老路坡！！

234

真没有想到，竟然是女孩子成了最强的科技之子。
我猜 Ada Lovelace 会很欣慰的。

杰克和栀子猫在咬耳朵：

 你看他也说这个 Ada 了……

对啊，感觉路坡长老和那个古代人类好像。

 那么，强大的科技之子——栀子猫。

哈哈哈哈，猫猫，你看长老一念你的名字就结巴了：科技栀子，栀子猫~

太讨厌了！

你们两个不许说话了！

你已经做好准备，要和勇者一起，去解开古代人类遗迹的秘密了吗？

唉？一起？这是什么意思？

魂狩。

臣在。

明天清晨，你和科技之子——栀子猫，在风暴湾港口等待。会有一架水上飞机来接你们去与勇者会合。

遵命。

哎？古代人类文明中能够飞行的铁鸟？

哎？栀子猫要来这里？

10 秒钟之后……

等一下，飞机是什么？？

等一下，去和杰克一起冒险？？

『课后小练习』

0— 复习第四章中的 Linux 基础操作，并且将 noah13 备份到 noah13_backup 文件夹中。

1— 将 noah13.cpp 文件改名为 100k.cpp。

2— 在 noah13 的文件中，建立名为"100k"的文件夹。

3— 将 100k.cpp 这个 c++ 的程序文件，用 mv 指令挪入 100k 的文件夹中。

4— 回到 noah13 的文件夹中，删除 noah13.cpp、exe 和 noah13.cpp~ 这三个文件。

5— 回到 _$nameDev 这一层，将之前做的 FiboFunction 这个文件夹，通过使用 mv 指令，移入 noah13 中。

6— 在 noah13 的文件夹中，使用 Linux 的指令，建立 strPurge 的项目文件夹。

7— 如果出现问题，请从 noah13_backup 中恢复备份文件，重复 1~6 的步骤。

『下一课的预习』

0— 测试一下，小写的字母 a 和大写的字母 A，在 ASCII 编码上有什么区别？

1— 想一下，如果想要把游戏中所有小写的字母 a 都换成大写字母 A，要怎么做？

清晨的风暴湾一如既往地平静，一点儿风暴的影子也没有。
一架白色的水上飞机漂浮在海面上。

海面上停着一架白色的"铁鸟"

栀子猫从来没有听说任何一个国家成功地复制出了古代的铁鸟。她所了解的宁静王国的科学体系，也就是国境内所发掘出的古代文明遗迹，基本都是与电力有关的；和飞机相关的，就只是文献中寥寥数文的记载而已。

实际上，这种据说能够在天上飞翔的机器——飞机，就连名字，都只是存在于古代文明的文献之中。

因为文献中的那种能够承载数百名乘客的巨大铁鸟，实在是远远超出了任何国家的科技复制能力。

作为宁静王国的科技侍卫长，栀子猫有点担心。

 从来没有听说过任何一个国家研制出了飞机。就连宁静王国神学院的图书馆里面，都只有少得可怜的记录。

 这里竟然有一架！
而且还是在水上的！！

 说起来，到底是什么国家有研究飞机的能力呢？

 不过，这架停在水面上的飞机，同古代文献中的巨大铁鸟，看起来还是有点不一样。

文献中的铁鸟，似乎全部是金属的。这架飞机呢，至少有一部分的
结构是木头的。

从外表上看，最大的区别，貌似就是翅膀的细节了：古代铁鸟翅膀
上有两个圆筒；这架飞机也有圆筒，只是前面有风车一样的叶片。

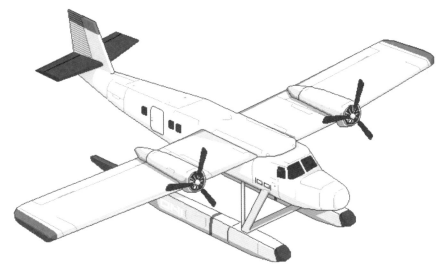

近看，这架水上飞机真不小

🔲　这种风车叶片，叫做螺旋桨。

魂狩感受到了栀子猫的不安。

飞机的研制，是另一组 AI 和南蛮国合作的项目，也算是军事机密，
从未向外界公布过，难怪栀子猫会被震慑住。

和古代文明的科技发展路线不同，对于这个被人工智能培育起来的新
人类文明来说，飞机这种东西的重要性，对比起古代文明台式机——电脑，
要差远了。毕竟，新人类的数量并不多，不存在因为资源问题而进行领土
扩张的需求，所以也就不需要人类移动能力的提升，交通工具的发展自然
也就被搁置了。

所以，栀子猫的时代中，是要先出现电脑，再出现飞机。

这个顺序，不是人类决定的。

是 AI 决定的。

🔲　这是南蛮国研制的飞机，飞行速度么，那是相当的慢，不过对于你
　　们新人类来说，还算可以，能达到每小时 300 公里。

魂狩轻描淡写地说。

 啊？南蛮国？！他们已经可以让机器飞上天了？

 而且，每小时 300 公里？！好高的速度……他们的科技已经这么发达了么……

 不是他们的科技发达，是我们引领的南蛮国国家科学院的科技复原工作比较成功而已。

其实，不用羡慕，这些东西对于你们新人类来说，再怎么酷炫，也只是古代文明的复制品而已。

 南蛮国国家科学院……
难道说，你们是属于南蛮国的科学……？

不，不对，你们不可能是南蛮国的附属科学家，你们的科技实力太强，说南蛮国科学院是你们的附属倒差不多。
不管你们是 AI、是人，还是别的什么生物。

魂狩笑了。

 不用担心啦，我们是对这个星球上人畜都无害的和平"生物"——
人工智能哦~

魂狩特别强调了一下"生物"这两个字。但他心里并没有把握。
人工智能，应该不算是……生物……吧？

怎么可能不担心？而且怎么可能是无害的？让这样一个有野心的国家拥有这种科技，就是有害的！
南蛮国已经有飞机了……万一他们使用飞机来进攻宁静王国，我们可怎么防御？
不行，我要立刻报告给女王陛下。

魂狩听到栀子猫没有在意他称自己为生物，心里有点儿高兴。

不用担心啦。在新人类掌握真正的编程能力之前，我们是不会坐视你们互相厮杀的。

魂狩的话中，藏着一丝让人不安的东西。

这种不安感来自魂狩这句话的逻辑：AI在新人类掌握真正的编程能力之前，会阻止人类的厮杀；潜台词是，新人类掌握了真正的编程能力之后，这句话就不成立了。

也就是说，在新人类掌握了编程能力之后，会发生一些事情；在此之前，无论如何，都要保证人类不会自相残杀。

这些事情足够重要到，要让超越人类科技几百万年的人工智能，去阻止人类这个看起来和他们毫无关联的物种，出现潜在战争威胁。

 而且，什么叫做"坐视"？帮助某个国家，或者交战双方，就不算坐视了，是不是？

也不知道什么地方不对，但总之是不对劲的。

栀子猫相当不喜欢这种感觉。

在不远处的海面上，白色的水上飞机被海浪轻轻拍打着；对于它的存在引发的这些不安感，完全没有任何表示，就好像：它的存在，从很久很久以前就是完全合理合法的。

在海岸旁边静等着栀子猫的人类，也沉默着，一句话不说，只是静静地开船，送栀子猫到飞机上，随后就退出了机舱，再次划起小船，离开了飞机。

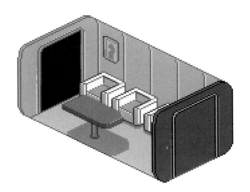

飞机还挺宽敞的

这架飞机从外面看不大，里面还是挺大的，甚至有沙发和一个小吧台。坐在机舱里，勉强算是舒服。可能最让人印象深刻的，是这架飞机没有人操控。不过，这件事对比起一块能说话的手表来，倒是没有什么太让人惊讶的。就算是没有人类在驾驶这架飞机，也一定是有人工智能在操控。

伴随着机身的抖动和从机舱外传来的震耳欲聋的声音，这架机器从水面上飞起，闯进了碧蓝的天空中。栀子猫坐在机舱里，手里拿着一罐姜汁糖水，琢磨着南蛮国对宁静王国的威胁，看着窗外，有点出神。

　　魂狩一边控制着飞机，一边在观察栀子猫。从第一次坐飞机的表现来看，栀子猫比一般的乘客要沉稳得多。相比之下，第一次开飞机的魂狩反而有点紧张：从长老路坡留下的 AI 暗网数据库中下载的远古自动驾驶人工智能的核心，可以说相当蹩脚，一点儿都不好用，还不如自己开舒坦。可是，魂狩自己又不会开飞机，所以只好用自动驾驶核心了。

　　魂狩是这几十年才进入到新人类教育计划中的，加上南蛮国的飞行器也是最近才发展起来的，不仅他是第一次开飞机，连他所见过的人类飞机乘客，也只有栀子猫一个人，帝国系统中留下的人类乘客的数据简直就少得可怜，左右是没有什么可比性。

　　他只是用余光觉得：栀子猫，安静得有点可疑。

 魂狩老师。

 怎么？ Vicky 有什么问题？

 为什么我们要使用飞机去找 Jack？

　　再一次的，这个新人类的女孩子，证明了这个人类复制物种的强大推理能力。

 你想听实话呢，还是安慰你的话？

 当然是实话！我这都坐上这架飞在空中的机器了！！
而且没有人开！！！

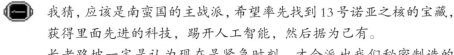 我猜，应该是南蛮国的主战派，希望率先找到 13 号诺亚之核的宝藏，获得里面先进的科技，踢开人工智能，然后据为己有。
长老路坡一定是认为现在是紧急时刻，才会派出我们秘密制造的 AI 驾驶型飞机。所以，现在奔着 Jack 去的，不光是我们，应该还有一支南蛮国的舰队。

　　魂狩模拟了一个人类从鼻子里面发出的声音，表达对南蛮国舰队的轻视。

　　大约用的古代成语是：嗤之以鼻。

 啊？！
南蛮国不是你们人工智能控制的吗？飞机不都是你们帮他们制造出来的吗？怎么现在南蛮国反而要攻击你们的搜索船队？

我们影响最多的，是代表南蛮国最高科技力的南蛮国国家科学院。而国家科学院的科技力，通常和军队的蛮力不兼容。

 要说飞机这种东西，只是科学院的实验机器而已，军队是没有的。况且军队不需要飞机，就可以发动战争。

军队的确需要科学院的科技来变强；只是，科学院无法干涉军队的决定。

魂狩在屏幕上摊了摊手，表示完全无能为力。

这种人类的扩张欲，长老路坡早就预见了。

战争，其实不可避免。只要阻止他们发明出核弹，这个世界应该就是安全的。

 那 Jack 会不会有危险？

 生命危险么，应该是有一点点。按照我对南蛮国军队的了解，恐怕，这场遭遇战不会太温情脉脉，有可能相当杀气腾腾。

魂狩对于自己连着用了两个古代人类的成语这件事，相当满意。

 但我想诺亚之核的完整性是可以保证的。按照我的分析，南蛮国军队的目的，就是这个人类遗产。

我猜想中的最差结局，也就是双方战舰的舰炮互轰而已。那种程度的攻击是破坏不了诺亚之核的。

 这个诺亚之核什么的根本不重要！

怎么才能帮 Jack？

栀子猫有点急了。

 别说孩子气的话，诺亚之核当然重要了，科技栀子猫同学。

原本呢，有我在 Jack 的船上做辅助 AI，他的战斗效率能够提升至少 3 倍，赢可能够呛，但是逃生，应该是可以的。只是，现在我们在飞机上，没有信号，那我们就联系不到他了。靠他自己的团队嘛，那是一定会输给南蛮国的舰队的。

 那怎么办？

 不用担心。等我们降落的时候，我们把 Jack 的船夺回来就可以了。

 夺回船有什么用？我得要 Jack 活着！

我们赶到 Jack 船的位置，需要多久？

 都说了，这架飞机很慢的，300 公里每小时，所以是 36 个小时之后。

 那，南蛮国敌人的速度是多少？

 那些老式的三桅木头战船，最多只有 20 公里每小时。
不过，你提的问题不太对，你应该问我，他们离 Jack 有多远？

 有多远？

 不超过 600 公里。

 什，什么？
等我们到的时候，已经是 6 个小时以后了！

 没关系，不用担心，我有 100% 的把握能从这些主战派的南蛮野人手里把船夺回来。

 那 Jack 呢？

 Jack 的生存概率，应该有 45% 左右——如果在海战的时候不掉下海的话。

 魂狩老师……
你，
必须，
给我找到一个加速的方法。

　　栀子猫一字一顿地说。

 加速呢，倒是可以的。

 啊！真的吗？

 是的。那个人类的灵魂还是长老什么的，提醒了我：只要你能完成更多诺亚之核的模拟游戏里面的挑战，我就可以获得更多 AI 帝国的资源进行分子构造。

 意思是？

 意思是说，如果你能够再做对一道题，就能激活 13 号诺亚之核，我就可以改装这架飞机。

 改装？怎么改装？

这种老式的引擎太慢了，我换一种飞得快的。速度可以提升到 800 公里每小时。

 太好了！

 这样一定能来得及了。

栀子猫已经不想知道，到底为什么魂狩能够在几万米的高空中，或者一望无际的大海里，改装一架飞行机器的引擎了。她就是知道魂狩有这种能力。

这种可怕的高科技的压迫感很恼人。不过，没有什么比杰克的生命更重要。

 时间紧迫，不能直接改装么？

 凭空这么改造很难。我需要的能量有点大，要获得长老路坡的许可才行。而联系到长老路坡的唯一可能，就是在 13 号诺亚之核的测试中，再次成功。

栀子猫卷起袖子。

 不管是什么谜题，都给我端上来！

魂狩发现一件事儿：只要是和杰克相关，这个叫做栀子猫的新人类的斗志，就会特别昂扬。

现在摆在栀子猫面前的，是一台和古代机器——台式机非常类似的东西，只是，没有了机箱，只有一个圆圆墩墩的显示装置。不太一样的，就是上面连着一台小小的机器。

栀子猫看了看手腕上的魂狩。魂狩在屏幕上朝这台机器的方向指了指。栀子猫轻轻打开这台机器，显示装置亮起来。

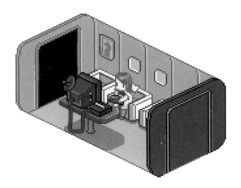

这架机器的手柄是红色的

对于这台人类老者定制的机器——13 号诺亚之核的模拟器——一台连着 CRT 电视机的游戏装置的效用，魂狩是有点将信将疑的：这种看着很古老的机器，真的有用么？

魂狩本来是打算救出杰克之后，让这两个小人儿一起来测试一下的，没想到不得不提前启动了。

在栀子猫面前的屏幕中，再次出现了人类老者的影像。和之前的几次联入 13 号诺亚之核中的感觉不一样，这次，栀子猫似乎感受不到来自人类老者的压迫感了。

他单手一挥，干净利落地展示出一段话：

从古代人类的罗马时代，就已经出现了密码信。现在，我希望用如下的方式编码：1 代表 a，2 代表 e，3 代表 i，4 代表 o，5 代表 u，不论大小写，一概替换。那么，你该如何编码下面这句话："All roads lead to Rome."

这样的句子，一共有十个。

魂狩心里一惊，这个人类老者让他实体化的机器中的谜题，已经根据不同的使用语境进行了修改：人类的自称，已经被换成了古代人类。

这个古代人类留下来的遗产，果然是可以自我调整的。

他朝着栀子猫这边看了一眼：这个姑娘在本子上勾画了一些字母和数字后，已经打开古代机器——笔记本，开始写程序了。

先别忙，这是一个新的谜题，你需要一个新的文件夹。

我们现在需要早点到达 Jack 的船，这些文件夹还重要吗？

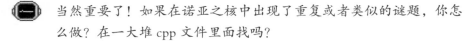

当然重要了！如果在诺亚之核中出现了重复或者类似的谜题，你怎么做？在一大堆 cpp 文件里面找吗？

魂狩很清楚这台老式游戏机的内部结构，如果直接把文件传进去，是会报错的。

魂狩老师，您说的有道理，我是有点着急了。

那，叫什么名字的文件夹？

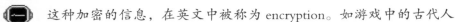

这种加密的信息，在英文中被称为 encryption。如游戏中的古代人

类所说，在他们的古代——罗马时代，这种替换字符的加密方式就出现了。

 那就叫做 encryptRome 好了，把编码和罗马放在一起。

 很好，你和古代人类的思路一样。

这个命名，正是人类老者随着这道谜题而留下的，写在屏幕右下角。

于是，栀子猫在 noah13 的文件夹中，建立了一个叫做 encryptRome 的文件夹。没过多久，她就把第一段程序写了个差不多。

```cpp
#include <iostream>
#include <vector>

using namespace std;

int ConvertCharToInt (char solo) {
  if (solo == 'a') {
    return 1;
  }

  if (solo == 'e') {
    return 2;
  }

  if (solo == 'a') {
    return 1;
  }

  if (solo == 'a') {
    return 1;
  }

  if (solo == 'a') {
    return 1;
  }

  return -1;
}
```

栀子猫的第一段程序，看样子是把字符转化成数字

 这段程序不太行。整体结构没问题，写好了一个 a 之后，你复制了五次，来做 aeiou。
谜题的要求，是把一个英语的元音字符转化成数字，你确实返回了一个数字。但你又要如何把这个数字转化成为一个字符呢？

 有道理啊！如果说最后都是要一个字符的话，那我没必要返回数字了。我应该直接把这个数字转化成字符就对了！

```
#include <iostream>
#include <vector>

using namespace std;

char ConvertCharToInt (char solo) {
  if (solo == 'a') {
    return '1';
  }

  if (solo == 'e') {
    return '2';
  }

  if (solo == 'i') {
    return '3';
  }

  if (solo == 'o') {
    return '4';
  }

  if (solo == 'u') {
    return '5';
  }

  return -1;
}
int main () {
  char converted;

  converted = ConvertCharToInt ('i');

  cout << "Converted=" <<converted <<endl;

  return 0;
}
```

栀子猫在修改之后的程序中加上了测试

是这个意思了。

这段程序倒是没有什么大错，就是不够好看。在这种罗列选项类型的程序中，有一个 C++ 里新的语法可以教给你。那就是：

swtich 语句

switch 语句基本上和 if 是一样的。在使用 switch 的时候，更注重表达的，是［==］这个概念中平行的多种情况。
比如说，等于 3 的情况、等于 5 的情况还有等于 10 的情况，分别是什么。

switch 呢，就是这么用的了。不过，要注意的是，在每个［case］之后，都要有所谓的［程序中断指令］。
一般来说，是［break］。

```
#include <iostream>
#include <vector>

using namespace std;

char ConvertCharToInt (char solo) {

  switch (solo) {
  case 'a':
    return '1';
  case 'e':
    return '2';
  case 'i':
    return '3';
  case 'o':
    return '4';
  case 'u':
    return '5';
  }

  return '0';
}

int main () {
  char converted;

  converted = ConvertCharToInt ('i');

  cout << "Converted=" <<converted <<endl;

  return 0;
}
```

魂狩给出了修改之后的程序

嗯，明白了。还可以用 continue 或者 return。
这里是 return，因为我们的方法需要返回一个数值。

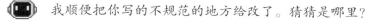
我顺便把你写的不规范的地方给改了。猜猜是哪里？

我之前写的 ［return −1;］ 这个地方？

是的。
先不说这个返回值能不能用到。就只是从程序的意义上来说，一个 ［ASCII 编码］ 是不能有负数的。
因为万一你给出要计算的数据不是 aeiou，那程序就要出错了。

明白了，魂狩老师！

还有个不太规范的地方，就是你对 ［vector］ 库的引用。如果你不需要这个库，就不要引用了。下次要注意。

那么，下面的就应该比较好做了。

是的，我只要定义一个 string，然后使用这些替换的密码，去制造一个新的 string 就好了。

```cpp
string _input = "Every road leads to Rome.";

char ConvertCharToInt (char solo) {

  switch (solo) {
  case 'a':
    return '1';
  case 'e':
    return '2';
  case 'i':
    return '3';
  case 'o':
    return '4';
  case 'u':
    return '5';
  }

  return solo;
}
void EncryptString (string theInput) {
  string res = "";
  char solo;

  for (int i = 0; i < theInput.length(); i++) {
    solo = ConvertCharToInt (theInput[i]);
    res += solo;
  }

  cout << theInput <<endl;
  cout << res <<endl;
}


int main () {
  EncryptString (_input);
  return 0;
}
```

栀子猫根据游戏中谜题的需求，也调整了一下

不错不错。两件事要表扬一下：

第一，使用了方法来构造这个字符串转化的逻辑，而不是直接写在了 main 里面。

第二，你根据谜题的要求，把转化的方法的返回值修正了。

很好。

是的。

如果是 aeiou，那就通过 switch 来进行转化。

如果不是，那就直接返回输入进来的数值，也就是原来的字符。

一直都在担心杰克船长的栀子猫，这会儿才算是露出了一些笑容。

 整体是可以了，但是还有错。

 咦？哪里有？

 竟然看不到吗？不要因为担心战友的生命，就乱了阵脚。

```
noilinux@ubuntu:~/_vickyDev/noah13/encryptRome$ g++ -o exe encryptRome.cpp
noilinux@ubuntu:~/_vickyDev/noah13/encryptRome$ ./exe
Every road leads to Rome.
Ev2ry r41d l21ds t4 R4m2.
```

魂狩指出了错误

 啊，我忘记处理大小写了。
是我的错！

 这个样子是救不了 Jack 的。打起精神吧！

好的！

```
char ConvertCharToInt (char solo) {
  switch (solo) {
  case 'a':
  case 'A':
    return '1';

  case 'e':
  case 'E':
    return '2';

  case 'i':
  case 'I':
    return '3';

  case 'o':
  case 'O':
    return '4';

  case 'u':
  case 'U':
    return '5';
  }

  return solo;
}
```

栀子猫修改了程序

 真好啊，你把 case 给用活了。

 是的老师。

我发现如果不加［程序中断符号］，也就是 break，continue，或者 return 这些，程序就会顺着 case 一直执行下去。

也就是说，我们是可以用两个 case 在一起，来代表在 if 语句中的［逻辑或——||］的。

非常好。

现在你已经成功地把这句话编码了，但是，还记不记得游戏中说了什么？

这样的句子，一共有 10 个？我也在想这个问题。该怎么处理这些句子呢？我只知道这句话："Every road leads to Rome."

只知道这一句话，还写错了。

原话应该是："All roads lead to Rome."

啊……真是糟糕，确实今天有点心神不安的。那我改一下。

不用改。只要你的逻辑是对的，数据也正确，结果必然就是正确的。这叫做算法正确。

这个错误没有什么，而且，不管是古代人类还是新人类，这种错误都是很正常的。

这就是为什么，我要教给你如何把逻辑和数据分开处理。

把逻辑和数据……分开？

这是什么意思？

你现在是把数据，也就是这些需要编码的话，放在程序中，是不是？

是的。不过如果我能够从程序外面，向程序内部填充入这个数据就好了。

是的，这就是我要教给你的——数据输入流。

也就是：

cin 数据输入语句

cin，要念成 see-in，意思是从 console 这里输入。也就是向你的程序灌数据了。

看看下面的程序：

```
void TestCin () {
  int num = -1;

  cin >> num;

  cout << num <<endl;
}
```

看起来很简单的程序……

栀子猫在笔记本电脑上测试了一下：编译之后，执行。

没反应。

栀子猫看着这个静寂的程序左下角，有点不知所措。

```
noilinux@ubuntu:~/_vickyDev/noah13/encryptRome$ g++ -o exe encryptRome.cpp
noilinux@ubuntu:~/_vickyDev/noah13/encryptRome$ ./exe
```

程序卡住了么？

等了 15 秒钟。

这……

是机器死掉了么？

哈！根据古代人类的大数据显示，95% 的学生会在这里发呆超过 30 秒。

你还不错，只发呆了 15 秒钟而已。

可是……

还可是什么？刚才都说了，这是要向程序中灌入数据。它现在是等待你输入数据了。

给它一个数看看。

```
noilinux@ubuntu:~/_vickyDev/noah13/encryptRome$ g++ -o exe encryptR
noilinux@ubuntu:~/_vickyDev/noah13/encryptRome$ ./exe
101
101
noilinux@ubuntu:~/_vickyDev/noah13/encryptRome$
```

栀子猫尝试输入了自己的生日

咦？

好了！！

当然了。要相信科学。

仔细看看程序。

cin 这一行，是会一直等待你的输入的。随后的 cout，就是把输出结果在 console（终端）中打印出来。

嗯，这里的问题，看来是 cin 没有任何提示。
所以，我是不是应该加个 cout 在前面？

非常好。现在，你试试从 console 端输入一个 string 看看。

```
noilinux@ubuntu:~/_vickyDev/noah13/encryptRome$ g++ -o exe encryptRome.cpp
noilinux@ubuntu:~/_vickyDev/noah13/encryptRome$ ./exe
Hello World
Hello
noilinux@ubuntu:~/_vickyDev/noah13/encryptRome$
```

结果好像并不对

栀子猫仔细看了看自己的程序：

```cpp
void TestCin () {
  string solo;

  cin >> solo;

  cout << solo <<endl;
}
```

看样子和 int 没有什么太大的区别

 奇怪，为什么不对呢？
要说没取出来也行，可的确是取出来了。
要说取出来了吧，可它就只取出来一半。

 一半？
咦？
会不会是这个空格的问题？

真不愧是科技之子，能够自己判断出来这个问题的古代人类非常少见，可能只有 1% 而已。
你的判断是对的。在读取数据流的时候（也就是我们的 cin 的情景），空格，还有回车，都属于分隔符。

嗯，这样就说得通了。因为有了空格，所以我只能取到 Hello 一个词。
但如此一来，我又该如何去取出一整行的数据呢？

 这就要教给你一个新的方法啦：
[getline(cin, solo);]

```
void TestCin () {
  string solo;

  getline (cin, solo);

  cout << solo <<endl;
}
```

程序倒是很简单

 有意思，这个方法，把读取的方法 cin、字符串变量 solo 都放在自己系数里面了。

 让我来试试~

```
noilinux@ubuntu:~/_vickyDev/noah13/encryptRome$ g++ -o exe encryptRome.cpp
noilinux@ubuntu:~/_vickyDev/noah13/encryptRome$ ./exe
Hello this is Vicky.
Hello this is Vicky.
noilinux@ubuntu:~/_vickyDev/noah13/encryptRome$ 
```

四个词都成功啦!

 太好了!

 别忙。诺亚之核的游戏里面，准备了 10 个句子。你觉得，他会有个真人，和你一样，去把这 10 个句子都敲进去吗?

 这……应该不会。
那怎么办呢? 魂狩老师?

 这就又到了新的知识点了!

读取文件的库——< fstream >

 你的 cpp 文件，是一个源文件。同样，如果想要真正地把程序的逻辑和数据分开，你就需要一个数据文件。在谜题的要求中，这两个文件都需要是一样的命名，只是后缀不同。一个是 encryptRome.cpp，这个很好理解，是你的源文件。另一个，就是 encryptRome.in。
这个后缀是 .in 的文件，就是我们存放数据的地方了。
你觉得应该怎么做才能创建这个文件?

 能想到的，就是用 emacs 来创建这个文件。

魂狩有点满意。
如果科技之子想不到用 emacs 还可以创建其他文件的话，他会很失望的。

```
#include <iostream>
#include <fstream>

using namespace std;

string _input;

void ParseIn () {

  ifstream inFile ("encryptRome.in");

  getline (inFile, _input);

  cout << _input <<endl;

  inFile.close();
}
```

魂狩快速给出了程序的范例

 我有点看懂了。这个 inFile，和之前的 cin 感觉很类似呢！
在 getline 这个方法中被当作系数传进去，就把我的全局变量 _input
赋好数值了。

 说得对。cin 是从终端来的数据流。inFile 这个变量呢，则是从文件
端来的数据流。所以，inFile 的类型，才是 ifstream。
这个词也很好记，不是"如果"的这个"if"，而是 Input File
Stream，也就是：输入，文件，流。

 魂狩老师，您之前也讲过，cout 也是数据流，但为什么我在这里没
有看到［>>］或者［<<］的［流数据获取符号］呢？

真是个好问题。表扬你。

没有数据流的符号的原因，是我们在这里要取一整行，所以用的是
［getline］。如果你要取几个数字，就要用到［inFile >> curInt;］
这种语句了。
没关系，我相信之后你一定会碰到这样的挑战的。等碰到，你就会
明白的。

 剩下的事情，就很简单了。我只要把您教的这个叫做 ParseIn() 的方
法，在 main 中呼叫，就可以初始化我的 _input 的全局变量。
随后，我再呼叫之前已经写好的 EncryptString，把这个已经赋好值
的 _input 变量传进去，就好啦！

```
int main () {
  ParseIn();
  EncryptString (_input);
  return 0;
}
```

栀子猫在 main 中呼叫了两个关键的方法

 编译——

 成功!

```
noilinux@ubuntu:~/_vickyDev/noah13/encryptRome$ g++ -o exe encryptRome.cpp
noilinux@ubuntu:~/_vickyDev/noah13/encryptRome$ ./exe
All roads lead to Rome.
All roads lead to Rome.
1ll r41ds l21d t4 R4m2.
noilinux@ubuntu:~/_vickyDev/noah13/encryptRome$
```

这次的答案,是真的对了

随着栀子猫的欢呼,魂狩已经把程序数据传入了连在 CRT 电视上的游戏中。不出意料,游戏中准备的 10 条测试信息全部通过。

从一开始到现在,栀子猫一共花了 2 小时。

降落!

魂狩假装向飞行员下命令的时候,都带着一丝笑意。
因为他知道,这次和时间赛跑,是赢定了。

 『课后小练习』

0- 读取文件是信息学奥赛的基础,而建立一个文件是读取文件的基础。请在 $nameTest 中,创建一个叫做 readTest.cpp 的文件,再创建一个叫做 readTest.in 的文件。

1- 尝试从一个文件(readTest.in)中读取三个由空格分开的数字,格式如下:

1 2 3

2- 将这三个数字换成下面的格式,再从文件中读取(readTest.in)。

readTest.in:

1

2

3

3– 按照这一章的解法，来读取一行由 4 个词组成的 string（字符串）。

4– 读取两行 string。

『下一课的预习』

0– 如果知道文件中有多少个数字，我们就能读出来。那如果不知道有多少个数字，应该怎么办？

1– 数字和字符混合的时候，应该怎么读文件？可不可以都用 char？

2– 为什么？

3– 有没有问题？

4– 该如何解决？

5– 还记得 vector 吗？想想看，这个动态数组中能够存储什么类型的数据？

第十八章

武装飞行炮艇！水上飞机的改装

模块化编程

vi指令

核心计算模块: Core

Chap18

cat指令

C++编程三件套

写文件

　　栀子猫不太清楚飞机停在海面上的时候魂狩都做了些什么。总之，不管他做了什么，都完全颠覆了栀子猫对整个人类技术的认知。

　　一个电脑里面的软件，好吧，一个人工智能——连身体都没有的这么一个存在，是不是生物都两说，竟然能隔着八丈远，在救生艇里面，把一架水上飞机像玩具似的给拆散，然后又装起来：一个零件都没多，一个零件也没少。

　　可这架飞机，怎么长的就完全不一样了呢？

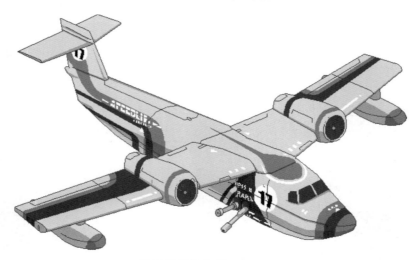

涂装异常绚丽的飞行机器

　　首先是引擎，上面没有风车一样的螺旋桨了，换成了在机翼上的两个大圆筒，这和古代文明中的铁鸟有点接近了。

　　随后，是让飞机能够漂浮在海面上的浮筒变小了，和这个变化匹配的，是飞机的机舱外形。现在的飞机，腹部直接接触到了海面。

　　光用眼睛看都能看出来，飞机的机舱容量比之前增加了一倍之多。

　　机舱的内部设施相当奢华。原本勉勉强强带着小桌子塞进机舱的一排座椅，现在变成了整整三排，而且每一个座椅都宽敞到能够横着坐。皮座椅透着暖洋洋的华贵气息，闪出奢侈的新品光辉，映在旁边玳瑁甲镶边吧台上的几瓶朗姆酒上，与倒挂在架子上一排排闪亮的高脚酒杯的剔透，一起给人的感觉，就像是进入了"古代人类暴发户私人铁鸟博物馆"。唯一让人觉得心安的，就是放在吧台上的 CRT 电视，还有插在上面的游戏机。

让栀子猫搞不明白的，不是这些充满了古代人类奢华恶趣味的配饰为什么这么新，而是，这些配饰都是从什么地方运来的？

没错，魂狩栖身的这个和手表一样的东西是凭空出现的，杰克船上的游戏机手柄的来历也是如此，但那些都是小物件。

这可是一架飞机！和里面的大量家具！！

这都是哪里弄出来的？

 魂狩老师，这些东西，原本，都在行李箱里吗？

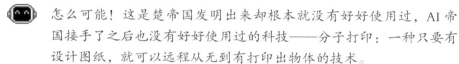 怎么可能！这是楚帝国发明出来却根本就没有好好使用过，AI 帝国接手了之后也没有好好使用过的科技——分子打印：一种只要有设计图纸，就可以远程从无到有打印出物体的技术。
噔噔！

魂狩做了一个在古代人类文明时期非常流行的音效，表示嘲讽。对于不太需要实体化社会的 AI 来说，这种技术的存在本身是没有意义的，这就是为什么 AI 帝国实体化这篇论文拖了几百万年，因为实在是没有其他的人类论文可以具象化了。

要感谢长老路坡的特别审批，这架水上飞机已经被我使用分子打印的方式，给临时改装成空中战斗堡垒了。
看看这架小可爱的右腹部，这两门射速为每分钟 6000 发子弹的火神炮只是道小菜，真正的尖货，是这款 105 毫米的加农炮，配备 15 公斤的炮弹，一发就能摧毁南蛮国军舰的桅杆。
当我说摧毁，那就是炸得连一片木头渣都不剩，是的，你甚至都找不到一块足够完整可以用来剔牙的碎屑！

这就是莫名其妙派出舰队来攻击我们的科学考察船的下场！
古代人类的诺亚之核，必然，一定，不能落在这些野蛮人手里！！

魂狩越介绍越激动，不自觉地露出了咬牙切齿状。等他反应过来的时候，心里有点后悔：真不该不小心下载了这些古代人类发明的武器说明书的语音版。

栀子猫听得糊里糊涂的，这些什么炮啊、子弹炮弹的，她都不认识。这些看起来很邪恶的东西，在栀子猫的世界里都还不存在。但她能感受到这些武器上缠绕的怨念。

这些，是武器吗？我怎么从来没见过类似的？

魂狩好不容易从那些有明显暴力倾向的语音介绍文档里面解脱出来，有点恢复正常了。

 这些古代人类 21 世纪的古董能够被称为武器吗？真正的武器，是激光，是等离子炮，是死光剑，是人工智能导向的人脸轰炸机！

说着说着，魂狩又开始万马奔腾的语气了——那些武器介绍的文档都是互相联系的，看一个就停不住，一下子看了上万个。

魂狩花了很大的力气，尝试控制住自己的语气，就像一个无助的骑手骑在一匹没有马鞍的野马背上一样。

终于，他成功了。魂狩暗暗发誓，再也不去碰人类的这些有强上瘾性的商业语音介绍文档。

 唔，这些额外的装备么…… 算是我额外申请的科技之子的安全保障措施。谁也不知道到了 Jack 这边，情况会有什么变化。说起来，我们还是起飞吧。这架飞机现在变得有点沉，所以速度只能提升到 600 公里每小时。算上之前你解开谜题的两小时，我们一共需要 19 个半小时飞到 Jack 船长的位置。

栀子猫想象了一下杰克在大海上莫名其妙遭遇到南蛮国舰队，被几百门舰炮攻击的情景，不禁打个了寒战。

 快起飞，快！

经过魂狩改装的水上飞机明显考虑到了降低噪音这个因素，从上一个版本一开始令人难忍的巨大声响，到现在几乎在忍耐范围内的噪音，让客舱中有一种让人想昏睡的感觉。

但是栀子猫完全睡不着。

 Vicky，你有些不安？

栀子猫岂止是不安，她是坐立不安。现下急切的她，满脑子想的都是如何帮助杰克迎战马上就要面对的敌人：南蛮国舰队。

 魂狩老师，我们现在可以为 Jack 做些什么？

这个么，如果你能再解决一个诺亚之核的问题，等我们找到了 Jack 之后，就可以帮他的船升级装备：来个船侧面的 10 毫米铁甲，比如说。这样的话，在无法避免的海战中，我们的生还率，或许还能高一些。

咦？您不是说什么 105 毫米的加农炮能摧毁桅杆什么的吗？怎么还不能生还了呢？

这架飞机只是个临时拼凑起来的空中炮艇，并没有经过严谨的军事工业级别的测试。从概率上说，这架飞机在炸沉他们 30% 的军舰后被击落的可能性，在 95% 以上，也就是说，是我们人工智能认为一定会发生的事情。我私下认为，我们是很需要为 Jack 的船进行升级的，不管是分子打印出来的装甲还是其他的设备。

随着"沙沙"的声音，栀子猫已经打开了 CRT 电视和游戏机。

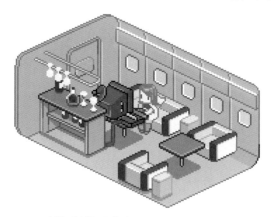

新机舱的吧台和 CRT 电视游戏机

在游戏的主界面上，栀子猫选择了继续游戏。画面中，那个人类的老者并没有说话，而是伸出了两只手，每只手都给出了几行字。

左手的第一行是［A 65］，第二行是［Hello 500］。

右手写的是［Noah13？］。

在老者的脚下，写着一行小字：［password］。看起来，又是一个谜语。

叫什么呢，这个项目？是不是叫什么都无所谓？

栀子猫又有点慌了，和上次的症状一样，她就是想快速把问题解决，把一切的细节都无视掉。不过这次，她很快意识到了自己的失态，深呼吸了几次之后，平静下来。只是，这个有点蠢的问题已经问出去了，恐怕会被魂狩老师嘲讽。但出乎意料的是，魂狩老师这次并没有敲黑板。

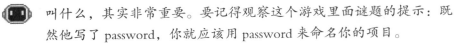 叫什么，其实非常重要。要记得观察这个游戏里面谜题的提示：既然他写了 password，你就应该用 password 来命名你的项目。

 好的！

 看样子，这个谜题的主旨，是要找到 A 和 65、Hello 和 500 的关系……哎？ 65 这个数字好熟悉啊！

 这会不会是 ASCII 编码啊？

  栀子猫忽然想起魂狩老师教过，古代人类用 ASCII 来编码他们的字符。这个 A 和 65 总让人感觉有点儿什么说不清楚的联系呢！

```cpp
#include <iostream>

using namespace std;

void TestAscII (char solo) {
  int res;

  res = solo;
  cout << solo << "->" << res <<endl;
}

int main () {
  TestAscII('A');

  return 0;
}
```

说什么熟悉，都不如去写一个程序来验证一下

```
noilinux@ubuntu:~/_vickyDev/noah13/password$ emacs password.cpp &
[1] 3168
noilinux@ubuntu:~/_vickyDev/noah13/password$ g++ -o exe password.cpp
noilinux@ubuntu:~/_vickyDev/noah13/password$ ./exe
A->65
noilinux@ubuntu:~/_vickyDev/noah13/password$
```

果然！ A 就是 65！！

  栀子猫有点猜到这个谜题的意思了。如果 A 是 65 的话，那么 Hello 这几个字母的 ASCII 编码的和，很有可能就是他所说的 500。只是，一个字符串，是不能直接转化成 int 的，需要一个一个字符来做。

所以，很有可能是要用一个 string 的遍历？然后把所有的数字加在一起？

虽然没有直接做过字符串每个字母的 ASCII 码的累加，但是这里面用到的知识点，魂狩老师都讲过的。

魂狩在旁边看着，没有说话。他也觉得没什么好说的：科技之子对于谜题的理解和判断力已经不需要他操心了。他现在担心的事情，是飞机的状况。这架使用分子打印技术制作出来的空中炮艇太沉了，飞到云层之上很费油，只能在潮湿的海面上飞行，但如果持续如此，万一爬升，湿气就有可能在机翼上结冰，到时候就比较麻烦了。

不，他在这种古老的飞行器的使用手册中看到提醒：如果结了冰，那就是非常非常麻烦了。

他悄悄打开了机舱腹部的小门。

"轰轰轰轰轰！！！"

一连串巨响把栀子猫吓得从沙发上跳起来。

 怎么啦怎么啦？

 不用担心，科技之子同学，我只是稍微减轻了一下飞机的重量。

 ……你是怎么减轻的？

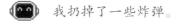 我扔掉了一些炸弹。

 什么？这架飞行机器上，还有炸弹？！

 有啊，不过现在没有了。

准确地说，这架飞机上有三十发 105 毫米的加农炮弹，三万四千发火神炮的子弹。哦！还有一些延迟爆炸的重型深水炸弹，我觉得也是没什么用了。我这就把它们抛下去。

随着十几秒钟之后几声沉闷而微小的爆炸声消失，魂狩对栀子猫露出笑容。

 现在好了，我们超重的问题解决了。可以往云层上飞行了。

我说，魂狩老师，您真的了解这架机器么？

很了解啊，说明书上说得很详细，放心吧放心吧，自动驾驶的人工智能在几百万年前就已经成熟了。我只是太贪心，弄了太多的炸弹上来，这不是怕南蛮国的战舰多么。

魂狩忙着去开飞机了。栀子猫回到沙发上，尽量把"自己坐在一架轰炸机上"的这个思绪，给扔到一边去。

嗯，好的，我现在知道了 A 的 ASCII 编码，就是 65，那下面尝试的，就是把一个字符串的所有字符的 ASCII 编码加在一起。

而且，刚刚的测试方法已经没有用了，我要把这段程序用［//］来注释掉。

```
void TestAscIIString (string solo) {
  int res = 0;

  for (int i = 0; i < solo.length(); i++) {
    res += solo[i];
  }

  cout << solo <<"->" <<res <<endl;
}

int main () {
  //TestAscII('A');
  TestAscIIString("Hello");

  return 0;
}
```

栀子猫把所有的数值都加起来

栀子猫测试了一下 Hello 这个词，这次没错，显示出来的就是 500。她抬头看了一下 CRT 电视中的画面，人类老者手中的 Noah13 这个词很有节奏地上下漂浮着。

嗯……上次的诺亚之核，已经是要用读取文件的方式来处理数据了。这次应该也是这样。

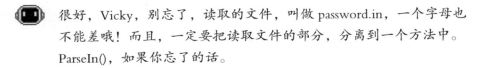 很好，Vicky，别忘了，读取的文件，叫做 password.in，一个字母也不能差哦！而且，一定要把读取文件的部分，分离到一个方法中。ParseIn()，如果你忘了的话。

魂狩这时候已经把飞机控制得非常好了，除了在进行战斗的模拟推演，还分出了一部分自己的计算力来看栀子猫的谜题解答。

不会忘的，刚刚才用的 ParseIn() 解开的谜题么。只是这次，我需要读取一个字符串，一个词而已，还是需要用 getline 吗？

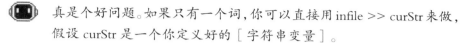 真是个好问题。如果只有一个词，你可以直接用 infile >> curStr 来做，假设 curStr 是一个你定义好的［字符串变量］。

我明白了，也就是说，只有在一个句子的时候，我们才通过 getline 来取出文件中的数据，而单独的一个词，只要用和 cin 类似的方式就好了。

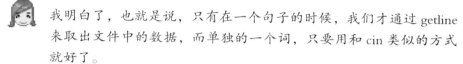 别忘了，从文件中取出来的这个词，这个 string，是需要成为全局变量的。

 记得的，全局变量一定要用下划线［_］来标记。

那就加油了！

栀子猫很快写完了程序，测试一切正常。

```cpp
#include <iostream>
#include <fstream>

using namespace std;

string _myStr;

void ParseIn() {
  string curStr;
  ifstream inFile ("password.in");

  inFile >> _myStr;

  inFile.close();
}

void TestAscIIString (string solo) {
  int res = 0;

  for (int i = 0; i < solo.length(); i++) {
    res += solo[i];
  }

  cout << solo <<"->" <<res <<endl;
}

int main () {
  ParseIn();
  TestAscIIString(_myStr);

  return 0;
}
```

Noah13 执行后得到的结果，是 490

在最终提交给游戏机之前，我必须要祝贺你，你基本上已经把这个谜题解开了，而且你的结果是没有错的。

只是，现在是时候教给你一些真正的编程技巧了：

模块化编程

 模块化？意思是？

 其实，你在用 ParseIn() 的时候，已经做到［模块化编程］了。你把读文件这部分单独分出来，就是变成了一个模块。你每一次要完成的谜题，其实都有三个模块。

第一，是读取数据。比如说，CRT 电视上显示的那个人类的右手上的［Noah13］，就是数据中的一个样例。这样的样例，可能有 10 个，也可能有 20 个，你需要用 ParseIn() 这个模块去读取出来。

 嗯嗯，是的老师。我发现这种谜题样例的格式，总是一样的。

 也不要掉以轻心，是有读取不定数量数据的，但是，一定都有规律可循。总之，第一个模块，就是要解决读取数据的问题。

第二，就是处理数据，也就是进行核心的运算。Vicky，请告诉我，在上面的这个谜题中，你的核心的计算方法，是什么？

是 TestAscIIString(string)。

好，请问，是不是每一个谜题，核心的计算方法，都可以叫做这个 TestAscIIString(string) 呢？

不，这要看每一次需要做什么，才能决定方法的名称。

正确。那么下一个问题：是不是每一次，都能够用一个方法来解决呢？

应该不是。按照您之前教给我的，一个方法解决的是一个具体问题，如果是一个由几个问题组成的复杂一些的谜题，我就需要好几个方法。

所以，应该不总是用一个方法来解决。

很好，这就出现了问题：如何保持核心计算模块总是一个模块？

答案是，你需要用一个 Core() 的方法，来把所有的核心运算方法都封装进去。

Vicky，你来想想，为什么？

我猜，是为了要在程序的入口 main() 方法的位置上，只留很清晰的方法：ParseIn() 和 Core()？原因，很有可能是为了程序的可读性。我说得对么，魂狩老师？

非常正确！模块化编程的一个最大的优点，就是有很清晰的可读性。但是，模块化编程最重要的，还是能够帮助你理清谜题的逻辑：首先要获取数据，这是 ParseIn()。随后，要对这些数据进行操作和运算，这是 Core()。请记住，Core 是一个模块，所以不能有系数。最终，你还需要第三个模块。

这就是：WriteOut()，输出数据模块。

这三项在一起，也就是你以后每次都要用到的——魂狩老师的三件套。

数据输出，很简单，我们先不用管。你先把 Core 这个模块改装好。

嗯嗯，这个改装的话，似乎只要一步就行呢：我只要套个 Core 的壳子就好了。

你理解得很对，这个 Core 的作用，就是可以用壳子来解释。

请记住，这些模块的入口，不管是 ParseIn() 还是 Core()，抑或是WriteOut()，都应该是没有系数的。

这样一来，在程序的入口 main() 方法这里，就看得很清楚了：我有三件套里面的两个，一个是 ParseIn()，读取程序；还有一个就是Core()，核心计算。

这么说，我还缺一个 WriteOut()？这是什么意思？从字面上看，是数据的输出？

输出到什么地方？ Console 终端吗？那样和 cout 有什么区别？

洞察力十分敏锐，值得表扬。这个方法，就是数据的输出。在 main()方法中，我们以后就只有三个方法的呼叫：一个是 ParseIn()，一个是 Core()，还有一个是 WriteOut()。

这个 WriteOut()，既然说要 Write，就是要写入到某个地方，就一定不能只是显示在 Console 里面了，是要写文件了。但说起来，原理也很简单，和 cout 和 ifstream 很像。只是这次不是 ifstream，也就是说不是输入数据流了，是 ofstream。

猜猜是什么意思，科技之子同学？小小的提示：ofstream 和 ifstream，语义是相反的。

嗯，如果是反过来的话，那就是 Out File STREAM 咯！输出数据流，所以是写在一个文件里面。我说得对不对，魂狩老师？

```cpp
#include <iostream>
#include <fstream>

using namespace std;

string _myStr;

void ParseIn() {
  string curStr;
  ifstream inFile ("password.in");

  inFile >> _myStr;

  inFile.close();
}

void TestAscIIString (string solo) {
  int res = 0;

  for (int i = 0; i < solo.length(); i++) {
    res += solo[i];
  }

  cout << solo <<"->" <<res <<endl;
}

void Core() {
  TestAscIIString(_myStr);
}

int main () {
  ParseIn();
  Core();

  return 0;
}
```

栀子猫改好了程序

说实话，魂狩已经有点习惯栀子猫这种高品质的学习能力了，所以基本上没有放太多心思在这边。他大部分的计算力，都放在了一会儿就要发生的战斗模拟上：已经运行了7亿零3千次，都没有完全成功。也就是说，在不久之后的战斗中，这架闪闪亮的对地攻击机一定会被击落，区别只是被击落之前，能干掉多少艘敌舰而已。

（也好，怎么说也是自动驾驶的飞机，被击落了也不会伤到这些小人们。）

魂狩在最后运行了100万次模拟之后，脑子里转过这个念头。此时，栀子猫已经把WriteOut()方法写好了。

```cpp
#include <iostream>
#include <fstream>

using namespace std;

string _myStr;
int _res;

void ParseIn() {
  string curStr;
  ifstream inFile ("password.in");

  inFile >> _myStr;

  inFile.close();
}
void TestAscIIString (string solo) {
  _res = 0;

  for (int i = 0; i < solo.length(); i++) {
    _res += solo[i];
  }

  cout << solo <<"->" <<_res <<endl;
}
void Core() {
  TestAscIIString(_myStr);
}

void WriteOut() {
  ofstream outFile ("password.out");

  outFile <<_myStr <<"->" <<_res<<endl;

  outFile.close();
}

int main () {
  ParseIn();
  Core();
  WriteOut();

  return 0;
}
```

看起来完美的程序

 还不错，中规中矩。

按道理说，我是写在了一个文件里面。按照魂狩老师您说的，和 ParseIn 是反过来的，那么文件就应该叫做 password.out，因为一个是 in，一个是 out。

可是，我的问题是，这个东西怎么测试呢？您看，cout 我可以在 console 里面看到，但这个 out file 怎么看呢？

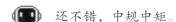 你觉得呢？

魂狩笑眯眯的。从数据来看，人类的孩子们在习惯了 cout 之后，一开始接触到文件输出 out file 的时候，总是会有这种不适应。

我知道了！是用 emacs 对不对？！

cpp 的文件用 emacs，in file 也用 emacs，out file 还是用 emacs！！！

 我呢，就是打算找个机会和你说这件事：你就不能用 emacs 做这么多事情。emacs 就应该是写程序用的，不能用其他的文件来干扰你的思路。

所以，in 和 out 这两种文件，我建议你用不同的程序来打开。

这样，我先教给你简单的。你的程序所生成的这种 out file，也就是输出文件，可以用 Linux 中的 cat 语句来打开。语法很简单：

　　[cat password.out]

不要忘记回车。

```
noilinux@ubuntu:~/_vickyDev/noah13/password$ ls
exe   password.cpp   password.cpp~   password.in   password.out
noilinux@ubuntu:~/_vickyDev/noah13/password$ cat password.out
Noah13->490
noilinux@ubuntu:~/_vickyDev/noah13/password$
```

栀子猫列出了文件夹里的文件后，试了试魂狩说的 cat 指令

 魂狩老师，这个指令为什么叫做 cat？和猫有什么关系呢？

 这个么，还真不是猫，这是 concatenate 的缩写，在你们的语言中有点不好翻译，如果愣要翻译呢，可以叫 [串联]。

意思就是，把一个文件中的内容直接显示在 console 中。用来检查你的输出文件再合适不过了。

 如果把我们的程序上传到古代人类的游戏中，会不会也生成这样一个 out file，也就是输出文件呢？

 没错，这个输出文件，就会在古代人类的游戏系统中存在了。不过，我知道你想问的，不是这个。

我猜，你想问的，应该是：这个文件到底是怎样被古代人类的游戏审核的？是不是？

 对的，魂狩老师。在 console 中输出，我来检查错误，这件事我是能够理解的；用 concatenate，也就是 cat 指令，来检查输出文件，我也能够理解。

可在游戏中，好像没有一个人在里面，来检查我写的文件啊！它到底是怎么知道我写的程序是不是正确的呢？

 人类的视角，总是相当有趣。其实，你怎么用程序来读数据文件，它就在游戏中怎么检查你的输出文件。

比如这里的 Noah13，ASCII 码累加是 490，那在古代人类的游戏中，就会有一个对等的程序，来检查是不是你的输出文件中，只有［Noah13 490］。

咦？最后的输出，要是［Noah13 490］吗？

不是［Noah13->490］？

多危险，如果不好好注意题目的要求，这道题就算是失败了。

还真是这样呢……真对不起，魂狩老师。

看来你已经明白原理了，那我现在可以教给你关于古代人类测试的最后一个环节了：使用 vi 来创建数据文件。你刚才已经看到了，我们用 cat 来检查输出文件 out file 是不是正确；我们选择 emacs 来写 C++ 的程序文件 .cpp。我再次强调，之所以用不同的指令来做，就是为了同屏只保留一个 emacs，这样，你始终都能知道你的程序要用什么修改。

那么，创建一个数据文件，我推荐你使用 vi。格式很简单：

　　［vi password.in］

同样，不要忘记回车。在进入 vi 界面之后，不要着急使用鼠标或者打任何字。你首先要轻轻按一下 i 键，意思呢，是 insert，然后就可以开始写数据文件了。开始写的时候，你该怎么写就怎么写，不管是回车还是文件内容。

等你写完了，这里就比较复杂：你需要先按一下［esc］键——在键盘的左上角，随后，轻轻按一下：键和 x 键，以回车结束。你就结束了文件的编辑，退回到了 console 中。

刚刚的［:x］是为了存盘和退出。如果不放心，可以使用 cat 指令来检查一下。

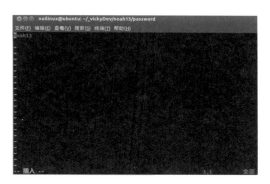

当按下 i 键之后，界面上出现了中文

魂狩老师你看，这里有中文啊！

 不必担心。这就是混合型操作系统的特征了。出现［插入］的字样，就说明你现在正在编辑这个文件。不要忘记，想存盘的话，要先按下 esc 键。

```
noilinux@ubuntu:~/_vickyDev/noah13/password$ vi password.in
noilinux@ubuntu:~/_vickyDev/noah13/password$ cat password.in
Noah13
noilinux@ubuntu:~/_vickyDev/noah13/password$
```

栀子猫把魂狩教的指令试了一下，完全可以运行

 有一件事要特别小心。vi 是一个比较难用的工具，有时候在你误操作的时候，也就是不小心按了什么键之后，这个数据文件会坏掉。它的症状，就是出现一大堆乱七八糟的数。

在这种情况下，不要尝试着去修复它，只要使用以前学过的 rm 语句，把它删掉重新建立就好了。就像这样：

［ rm password.in ］

 了解了！

魂狩看着因为学了新的知识而变得兴高采烈的栀子猫，心中有点担心：不是战斗型号的自己，在不久之后的海战中，真的能让这两个小人儿安然无恙吗？

 『课后小练习』

0- 想一下，为什么我们不能用 emacs 来写所有的文件（.cpp, .in）？

1- 想一下，为什么我们不能用 vi 来检查 .in 文件？

 『下一课的预习』

0- 如果我们有两行数据在 .in 文件中，读取会受影响吗？

1- 想想看，>> 这个文件流操作符是什么样的原理？

2- 想想看，数据和数据之间是怎么分开的？

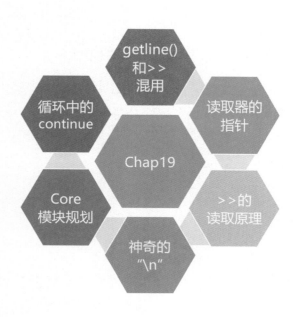

栀子猫稍微睡了一会儿，心里总还是担心。尽管身体已经很疲倦了，可脑子就是停不下来。从沙发上坐起来的女孩子，看起来十分疲倦。

在镜子中的人，眼睛都是肿的，原本的双眼皮变成了四道。

女孩朝着舷窗外看去，魂狩不知什么时候把飞机降到了云层以下，现在能够看到整个海面：安静而蔚蓝，看起来有点寒冷，像一块巨大的冰；尽管她知道，下面的海面几乎受阳光直射，一定是温暖的。

从机舱里的仪表来看，空气并不十分潮湿，没有暴雨欲来的压迫感。这种标准的航行天气，理论上可以给魂狩的自动驾驶模块的计算降低不少能耗。但实际上，如果按照人类的标准来形容，魂狩已经是一后背的汗了。

因为他出现了重大计算失误。

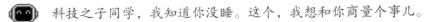 科技之子同学，我知道你没睡。这个，我想和你商量个事儿。

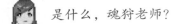 是什么，魂狩老师？

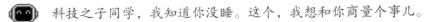 在当前的情况下，还是不叫我老师比较好。

魂狩讪笑了一声，隐藏起了自己的表情，就显示了个问号在上面。

 我们现在有个问题：在改装这架飞机之前，我只计算了重量，却没有计算新款的喷气式涡轮发动机的耗油量。所以呢，现在有点麻烦，咳咳，相当尴尬的麻烦。

 你的意思是说……

 没有燃料了？！
怎么会？你不是人工智能吗？你不是每秒钟可以做几万亿次运算吗？怎么可能？

这句话让魂狩有点有口难辩的感觉。几百万年以前就已经在战争中被人类消灭光了的人工智能自动驾驶技术剩下的内核，根本就和白痴的智力一样：有云，会出错；有阴影，会出错；阳光太强，会出错；阳光太弱，会出错；白天，会出错；晚上，会出错……反正就是各种错！光折腾这些中古破玩意儿的升级，就把魂狩的全部计算力都用上了，根本就没注意那个油量的问题。

 实际上，我每秒钟能够做的计算量远远超过你说的，只可惜，计算量并不等同于逻辑能力。不过，这些都已经不太重要了。结论就是：按照原来的高度和速度，我们只能大概飞 2 个半小时。

所以，我刚刚把速度和高度都降下来了，加上关掉了一个发动机，这样的话，我们可以继续飞 4 个小时。但这 4 个小时，想要到达目标海域是远远不够的。

我和你商量的意思，就是，我们可以用这些油来做缓冲，找地方降落，用刚刚你获得的诺亚之核的凭证去和 AI 帝国的暗网连接，用分子打印获得足够的燃料。

 那是给 Jack 的船加盔甲用的！

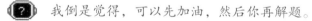 我也知道这件事啊。这不是要和你商量么？一会儿跟 Jack 汇合之后，你还可以再去挑战诺亚之核。

再一次撒谎的魂狩，又一次感受到了这种说谎的羞耻感。运行了 7 亿次战斗模拟的他，深知他们和杰克汇合之后，只有非常少的时间改装舰船。赶在南蛮国舰队到达前再次获得诺亚之核凭证的可能性，几乎是零。

他觉得自己越来越像人类了，张嘴就是胡说八道的忽悠。

 这样不行，时间太紧了。既然你留了 4 个小时出来，我就用这 4 个小时再解出一道游戏机中诺亚之核的谜题。

 我倒是觉得，可以先加油，然后你再解题。

不行！必须要留一个凭证给 Jack ！！

好的。

被这个已经很疲惫但瞬间就斗志昂扬的小姑娘说服的魂狩，羞惭之心更盛了。不过，比起羞愧，他现在更担心这个姑娘的身体。

坐在电视机前的栀子猫，浑身都是酸疼的，但想起远方的杰克，她还是推开了游戏机的开关。

这个时候，栀子猫心中一阵委屈，两大滴眼泪落下来，在脸颊上留下两道温热的水痕，鼻子也瞬间不通气了。

倒不是怪杰克，她就是太累了。

累得想要哭。

她用手背胡乱抹了下眼泪，吸吸鼻子，打开了自己的古代机器——笔记本。

古代人类的手里有什么东西

这次的信息有两组，每一组都有一个 in 和一个 out。

第一组是这样的：

ignoreRead.in：

5 A

Hello world my love.

ignoreRead.out：

HelloAworldAAmyAlove.

第二组是这样的：

ignoreRead.in：

4 x

Hello you.

ignoreRead.out：

Hellx yxu.

栀子猫看了一会儿之后，拿出一张纸开始画草图。魂狩在一旁看着草图，有点放心了，一面听着栀子猫随口自言自语。

 首先，肯定是要读文件了，名字都给出来了。随后，从第一个数据来看，似乎是把空格换成了 A。

而这个 A，是在第一行［数据文件］里面给我的；同时给我的，还有个 5……

 这个 5 应该是做什么用的呢？

278

那现在再看看第二个例子的数据，这次不是大写的 A，而是小写的 x 出现在了 out 中，也就是说，这个字符是和结果相匹配的。这次不是 5 了，是 4……

啊，我明白了，这是［字符］在［字符串］［string］中的位置啊！因为是从零开始的，所以编号 5 的就是第六个字符——空格。所以他把所有的空格字符，都换成 A 了！

听到这里，魂狩暗自点了点头：目前谜题的内容，栀子猫都理解了。

我得要小心，这里很明显出现了两个 A，也就是说，需要我们能够处理两个空格。按照魂狩老师说的，这里想要保留空格，就必须用 getline()，用其他的直接［>>］取数据的办法都不行。

看样子，我只要依次使用［inFile >> _myInt］，［inFile >> _myChar］，［getline (inFile, _myString)］这三个指令，就行了。

理论上。

栀子猫没有把话说得太满——不一定什么地方就可能出现问题呢。

她的预感是对的，魂狩心里很清楚，栀子猫把题目分析得都没错，但一定做不对。因为这个谜题里面，有个关键的知识点她不知道。

只是，魂狩现在有点儿不太好意思说话，毕竟，是自己把燃料这么重要的计算数据给弄错的。眼看着栀子猫的程序一定会出现问题，按照以前魂狩的脾气，早就用模拟戒尺敲黑板的声音去嘲讽了；而现在，自觉理亏的魂狩，倾向于就这么安安静静地看着栀子猫先把第一版程序写出来。

```
noilinux@ubuntu:~$ cd _vickyDev/
noilinux@ubuntu:~/_vickyDev$ ls
noah13
noilinux@ubuntu:~/_vickyDev$ cd noah13/
noilinux@ubuntu:~/_vickyDev/noah13$ ls
100k  encryptRome  fiboFunction  password  strPurge
noilinux@ubuntu:~/_vickyDev/noah13$ mkdir igoreRead.in
noilinux@ubuntu:~/_vickyDev/noah13$ cd igoreRead.in/
noilinux@ubuntu:~/_vickyDev/noah13/igoreRead.in$ cd ..
noilinux@ubuntu:~/_vickyDev/noah13$ rm igoreRead.in/
rm: 无法删除"igoreRead.in/": 是一个目录
noilinux@ubuntu:~/_vickyDev/noah13$ rm -r igoreRead.in/
noilinux@ubuntu:~/_vickyDev/noah13$ ls
100k  encryptRome  fiboFunction  password  strPurge
noilinux@ubuntu:~/_vickyDev/noah13$ mkdir ignoreRead
noilinux@ubuntu:~/_vickyDev/noah13$ la
100k  encryptRome  fiboFunction  ignoreRead  password  strPurge
noilinux@ubuntu:~/_vickyDev/noah13$
```

建错了文件夹，写错了指令，忘记了该如何删除……

非常疲倦的栀子猫，恨不得连自己的开机密码都不记得了。刚刚虽然知道需要建立的文件夹是 ignoreRead，还是鬼使神差地出了各种错，不但写错了名字，更是把 .in 都变成文件夹名字的一部分，甚至不记得 rm 删文件夹要用 –r，最后，连 ls 都打成了 la……在这个极限的时刻，魂狩已经不太想和栀子猫探讨关于［ls］和［la］指令之间的细微差别了。

看着已经开始写程序的栀子猫，魂狩在旁边叹了口气。人类的大脑虽然非常精巧且模糊运算能力超强，但致命的弱点，就是必须要休息，如果睡眠不够，就会烦躁易怒，最重要的是，缺乏睡眠会危及健康，乃至最终有生命危险。反观人工智能的大脑——分布式处理器群组，姑且可以叫做电脑群组，其实也不算是完全不用休息，因为电脑也需要关机以降低热量，但人工智能计算力的分配，可以在全网络中到处游走：一个群组关掉了，还有其他群组开着。这就让人工智能在和人类的战争中占尽了上风，因为看起来，人工智能是完全不用休息的。

终于完成了系列文件的建立

看着栀子猫犯错的魂狩，真的是没法袖手旁观了。

Vicky 同学，我知道你很累，但是如果你继续这样一心二用，一边写程序一边担心 Jack 的话，那么各种各样奇怪的错误，一定会没完没了地出现。比如你的 in file 写错了。

还记不记得我说的？ in file，在我们的谜题中，一定要和文件夹一样，不然的话，就是零分。

栀子猫仔细看过去：果然，把 ignoreRead.in，写成了 ignore.in 了。

跌跌撞撞地，总算是把 cpp 文件和 in 文件建好了，也用 cat 测试过，都没有问题。

```
#include <iostream>
#include <fstream>

using namespace std;

int _theIndex;
char _theChar;
string _ori;

void ParseIn () {
  ifstream inFile ("ignoreRead.in");

  inFile >> _theIndex;
  inFile >> _theChar;

  getline(inFile, _ori);

  cout <<"index=" <<_theIndex <<endl;
  cout <<"char=" <<_theChar <<endl;
  cout <<"ori=" <<_ori <<endl;

  inFile.close();
}

int main () {
  ParseIn();

  return 0;
}
```

程序在这里，但是……

栀子猫解这个谜题的时候，出了各种错，所以自然而然地就有点儿奇怪的迷信了，总觉得自己还是会错，索性直接写上了测试语句。

果不其然，出现问题了。

```
noilinux@ubuntu:~/_vickyDev/noah13/ignoreRead$ g++ -o exe ignoreRead.cpp
noilinux@ubuntu:~/_vickyDev/noah13/ignoreRead$ ./exe
index=5
char=A
ori=
noilinux@ubuntu:~/_vickyDev/noah13/ignoreRead$
```

测试的结果中有一项显示不出来

栀子猫愣了 5 秒钟，返回来看了看程序，没看出来错，心里不太明白。

奇怪了，我取了一个 int，没问题；我再取一个 char，也没问题。
再往后，去取一行，为什么不显示呢？
这个不显示……到底是没取出来呢，还是取出来个空格？

栀子猫把自己的程序迅速改了一下：把取出来的 _ori 的数值前后，都加上了单引号［'］。这样，应该就可以看到取出来的到底是什么了。

```
noilinux@ubuntu:~/_vickyDev/noah13/ignoreRead$ g++ -o exe ignoreRead.cpp
noilinux@ubuntu:~/_vickyDev/noah13/ignoreRead$ ./exe
index=5
char=A
ori=''
noilinux@ubuntu:~/_vickyDev/noah13/ignoreRead$
```

```
cout <<"ori=" <<"'" <<_ori <<"'"<<endl;
```

能很清晰地看到：取出来的字符串，是空的

 我的取字符串的 getline 是不是失效了呢？我是不是可以试试在前面，把 _ori 的〔初始数值〕给改一下呢？

正常来说，魂狩是非常喜欢看栀子猫自己来推导解决问题的，但是这次，她实在是太累了，魂狩实在不忍心看她纠结，打算给她一点明确的提示。

 Vicky，你已经看到症结所在了：〔getline()〕失效。我在这里不是想要代替你思考，我只是想告诉你，〔getline()〕没有失效，它只是被中断了。

你如果改变一下程序的顺序，比如说，先取出一个 int 整型的数值，然后立刻就用 getline()，就能看到很有趣的现象了。

栀子猫擦了一下额头上的汗水，没有完全按照魂狩的说法，而是用注释的方法去掉了一行程序，然后编译。

```
noilinux@ubuntu:~/_vickyDev/noah13/ignoreRead$ g++ -o exe ignoreRead.cpp
noilinux@ubuntu:~/_vickyDev/noah13/ignoreRead$ ./exe
index=5
ori=' A'
noilinux@ubuntu:~/_vickyDev/noah13/ignoreRead$
```

```
inFile >> _theIndex;
//inFile >> _theChar;
getline(inFile, _ori);

cout <<"index=" <<_theIndex <<endl;
cout <<"ori=" <<"'" <<_ori <<"'"<<endl;
```

出结果了！

栀子猫皱起光洁的额头，手指在古代机器——笔记本的键盘边缘轻轻敲击着。

 非常，有趣……

 也就是说，我在用〔>>〕这个数据流符号读出了一个整数之后，这个读取的标记，是在这里……

不，不是标记。魂狩老师教过，这个应该叫做指针，是指向我的第一个数字也就是［5］的后面的。所以，我才能读出一个空格和一个A。那么按照这个道理，我在读出一个 int 和一个 char 的变量之后，读取器的指针，是在 char 类型，也就是［A］的后面。在这里，貌似有个什么奇怪的东西，把我的［getline()］的操作给卡住了……

 我知道了！让我来试试！！

```
noilinux@ubuntu:~/_vickyDev/noah13/ignoreRead$ g++ -o exe ignoreRead.cpp
noilinux@ubuntu:~/_vickyDev/noah13/ignoreRead$ ./exe
index=5
ori=' A'
next='Hello World my love.'
noilinux@ubuntu:~/_vickyDev/noah13/ignoreRead$
```

```cpp
void ParseIn () {
  string curString = "123";
  ifstream inFile ("ignoreRead.in");

  inFile >> _theIndex;
  //inFile >> _theChar;
  getline(inFile, _ori);
  getline(inFile, curString);

  cout <<"index=" <<_theIndex <<endl;
  cout <<"ori=" <<"'" <<_ori <<"'"<<endl;
  cout <<"next=" <<"'" <<curString <<"'"<<endl;

  inFile.close();
}
```

出现了！！

这个时刻，连魂狩都感觉有一点兴奋，因为这个女孩子，真的是学程序的科技之子：她竟然搞清楚了文件读取器 ifstream 的工作原理！几乎完全靠自己！

 祝贺你，科技之子，栀子猫。

随着魂狩表情的忽然变化，一个不一样的声音响起来了。

 咦？是路坡长老吗？

 科技之子，栀子猫，你已经非常接近真正的科技之子的程度了。我很欣赏你们新人类身上的这种学习爆发力。

听着长老路坡念自己的名字的栀子猫，想起了杰克以前和自己讲的笑话。

哈哈哈哈，猫猫，你看路坡长老一念你的名字就结巴了：科技栀子，栀子猫～

 太讨厌了！

你们两个不许说话了！而且，是长老路坡，不是路坡长老！！

想起那时开玩笑无忧无虑的时光，和现在命悬一线的杰克，栀子猫鼻子一酸，两大颗眼泪又掉了下来。一贯都会注意到栀子猫心情变化的魂狩，不知道为什么，一声都不吭。

请向着诺亚之核继续前进，我期待着你之后的优秀表现。

……啊……

魂狩发出了一声相当疲惫的叹息。刚刚长老路坡突然进入了自己的频道，就好像精神被控制了一样，和以前开双簧转接长老路坡的语音感觉完全不一样。等他回过神来，发现栀子猫又哭了。以前从来没见过栀子猫哭的他，接连见到两次，稍微有点慌。

别哭，从数据上看，古代人类在学习编程的时候，总有这么一个被难哭了的时刻，坚持过去就好了。你看，长老路坡都接入到我的频道直接和你说话了，这是莫大的荣誉。

但实际上，魂狩知道栀子猫就是累的，累得直哭。她早已经过了被难哭的那个阶段了。但结论没有错，在这个时刻，只有坚持，没有他法可想。现在他能做的，也就是和栀子猫聊技术细节，帮她转移注意力而已。

咳咳，Vicky 你看，连长老路坡都被你敲山打虎给震出来了。

栀子猫扑哧地破涕为笑。

 是敲山震虎啦！而且，这个古代中文中的成语也不是这么用的。

总之，你明白我的意思就好。说回来到 getline()，你所说的那个奇怪的东西，是存在的，叫做［换行符］，如果写成 string 的形式的话，是［"\n"］，它实际上是个回车，和 C++ 中的［endl］的效果是一样的。只不过这里的换行符，是在写文件的时候手打进去的。
正常来说，当我们用［>>］来读取数据的时候，指针后面的多个空格和换行符，都会被无视掉，这也就是为什么如果用循环来读取，你是无法读取多个空格的。但是，getline 不会跳过这些分隔符。

你观察得很准确，getline() 这个方法，是从文件读取器的指针指向的位置，一直读到当前这一行的［换行符］。因为当时指针在换行符上，那么，getline() 所取出来的，就是一个空的字符串了。当然，你的实验数据已经从侧面说明了这个问题。你唯一缺的，就是［换行符］的概念。

 我很喜欢你用单引号来判断自己是不是取出来一个空字符串的方式，这么做很聪明。

 说回来，你现在只是找到了问题所在，并没有解决它。你知道第二行一定要用 getline() 来读取，因为里面有多个空格，而这些空格都要被处理。你也知道第一行用数据流符号［>>］来取数据，这是最方便的。这样一来，问题就集中在了：如何混用［>>］和 getline()。

答案很简单，既然你知道用 getline() 会卡在［换行符］，那不妨用两次 getline()，就能跳过这个不需要的换行符了。你也可以用［inFile.ignore()］这个方法。

如果你时间很紧，完全来不及看出来那些指针的规律，还有最后一种极限的方法，那就是：读两遍。

 读两遍？也就是我用两次 ParseIn()？

 是的。第一遍，你读出 int 和 char 的数据。第二遍，你使用两次 getline()，第二个从 getline() 获得的数据，就是你想要的。

如果不是迫不得已，不要这么用。每一次从系统中读取或者写入数据——我们称之为［IO］，也就是 Input 和 Output，都是非常耗时间的。使用的时候，一定要当心。

好，现在我已经读出来字符串了，下一步就简单了。我只要把指定的字符替换掉就好。

不过，我需要用三件套里面 ParseIn() 取出来的数据，一个 int，一个 char，还有一个是 string 的全局变量。可是，Core 又是一个没有系数的壳方法。

这要怎么做，才能不破坏整体的结构呢？

 真是个好问题。

自从魂狩发现自己算错了油量之后，就变得脾气特别好。

 其实很好解决：首先，Core() 代表的，是核心算法；其次，Core() 是个壳子方法。那么，它的职责，就是容纳一系列真正去做计算的核心方法。

你唯一要判断的，就是如何切分这些计算到［method］也就是［方法］中，换句话说，这是对 Core()［核心计算模块］的规划。

请记住，每一个［method］，也就是每一个方法中，都应该［有且只有一个相关的算法］。

比如在这里，你需要的就是这个，带着三个全局变量的计算方法。

栀子猫默默数了一下，觉得有点问题：int，char 和 string，这是三个从文件中读取出来的数据，最终的结果，还要存储在一个变量中，所以一共四个，而魂狩老师说的是三个，是不是少了一个呢？

是三个么？为什么不能是四个？我不需要把最终的运算结果代入进行计算么？

问得好。从大数据来看，有30%的优秀学生会在这里提出这个问题。在初学阶段，你记住以下的规则就好了：

1－ 如果是［计算数据］，那么就要变成计算方法中的［系数］，也就是说，在方法的［小括号］中。

2－ 如果是［模型］，也就是解决谜题的结果，那么，就直接用全局变量，不需要变成系数。

3－ 最终谜题需要的［模型］结果，可以通过 Core() 中的核心算法来计算全局变量获取。

栀子猫略想了 30 秒，在纸上稍微画了一些设计图，开始动手做了。

魂狩很认同栀子猫没有写 WriteOut 这件事，原因也简单：在核心算法没有测试好之前，写什么样的输出都是没必要的。只是，魂狩对于一些程序的细节，还有点质疑。

```
//what: replace the exiting char at the index with given char
//memo: apply it to the whole string
string GenNeoString (int theIndex, char theChar, string solo) {
  string theRes = "";
  char replacement = solo[theIndex];

  for (int i = 0; i < solo.length(); i++) {
    if (solo[i] == replacement) {
      theRes += theChar;
    }
    else {
      theRes += solo[i];
    }
  }

  cout <<solo <<endl;
  cout <<theRes <<endl;
  return theRes;
}

void Core () {
  GenNeoString (_theIndex, _theChar, _ori);
}

void WriteOut () {

}


int main () {
  ParseIn();
  Core();
  WriteOut();

  return 0;
}
```

Core 核心算法已经完成

 这段程序，看起来没毛病。但是，写得不好看。

　　栀子猫对于魂狩的这个开场白已经相当熟悉了，她知道自己写的程序里面一定有什么重大的隐患，而且这个隐患一定是足够糟糕，他才会在这么紧急的时刻提出来。

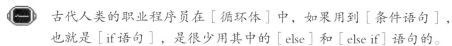 魂狩老师，您请说。

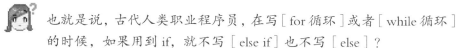 古代人类的职业程序员在［循环体］中，如果用到［条件语句］，也就是［if语句］，是很少用其中的［else］和［else if］语句的。

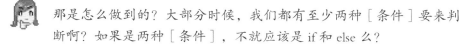 也就是说，古代人类职业程序员，在写［for循环］或者［while循环］的时候，如果用到 if，就不写［else if］也不写［else］？

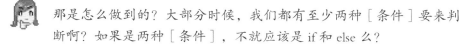 那是怎么做到的？大部分时候，我们都有至少两种［条件］要来判断啊？如果是两种［条件］，不就应该是 if 和 else 么？

287

并没有不让你用好几种［条件的判断］，只是，你不需要使用［else if］或者［else］。

 那是为什么呢?

 仔细想一下，［else if］和［else］有什么相似之处?

都是［条件语句］的构成部分?

错了。再想。

如果不是 Syntax 的格式问题的话，那就不知道是什……

我知道了! 这两个，都需要一对大括号括起来!

 看起来是括起来，实际上，是要把需要在某个［条件］下执行的［指令］，给标记出来的这么一对符号。我们要在适当的地方，使用适当的符号。在不必要的地方，就不需要写。

比如，在循环中。看我的程序:

```
//what: replace the exiting char at the index with given char
//memo: apply it to the whole string
string GenNeoString (int theIndex, char theChar, string solo) {
  string theRes = "";
  char replacement = solo[theIndex];

  for (int i = 0; i < solo.length(); i++) {
    if (solo[i] == replacement) {
      theRes += theChar;
      continue;
    }

    theRes += solo[i];
  }

  cout <<solo <<endl;
  cout <<theRes <<endl;
  return theRes;
}
```

魂狩老师在 if 的大括号里面加了一行语句，把后面 else 所属的大括号删掉了，但程序的执行结果并没有出现任何错误

栀子猫看着这几行程序，总觉得似曾相识: 用来编程的语言 C++，和古代人类语言——英文，实在是太相近了。看得懂英语，就几乎能够明白这个程序的意思了。

 这里的程序还蛮有意思的，尤其是最后的这个 continue。首先，［if］语句的结构是完整的，我能看到两个大括号。那么，执行这个创建一个字符串的指令之后，会走到大括号的结尾，执行完，就可以从这个［if］语句的结构中出来了。但这里却跟随了一个叫做［continue］的语句。

continue……也就是继续？所以这个意思，是不是就是继续下一次循环，不执行其他的了？

 Bingo! 说得太对了。在［if］语句的结构中，加上这个 continue，就可以让当前的程序结束本次循环，直接跳入下次循环。这样一来，后面的程序就不再需要大括号的保护了。

 嗯，老师说的真是有道理。［if］和［else］语句使用大括号的原因，其实就是为了保护自己所属的程序的执行顺序：如果是［if］，就执行［if］后面的一对大括号中的内容；如果是［else］，就执行［else］后面的一对大括号中的内容。

 如果没有这个 continue 的话，在执行完［if］的结构中的程序后，就会开始其他的程序。因为有［else］结构的大括号保护，所以里面的程序不会在［if］的条件中执行一次之后，被［else］再执行一次。

 而有了 continue 之后，如果在［if］后面没有什么可执行的其他语句，那就可以直接跳过这里，进入到下一次循环中了。

这个方法好聪明啊！

```
noilinux@ubuntu:~/_vickyDev/noah13/ignoreRead$ g++ -o exe ignoreRead.cpp
noilinux@ubuntu:~/_vickyDev/noah13/ignoreRead$ ./exe
Hello World  my love.
HelloAWorldAAmyALove.
```

这个谜题被顺利地解决了

 加油加油啦～

随着欢欣鼓舞的魂狩兴高采烈地把飞机降落在海面上，栀子猫的心稍微放下来了一点。通过分子打印获得的汽油，顺利地让魂狩把飞机升到了云层之上，两个引擎马力全开，不计损耗，迅速向着杰克船长所在的海域飞去。

当栀子猫和魂狩抵达杰克船长所在的海域时，离南蛮国舰队预计和杰克船长遭遇的时间，只剩不到 8 小时。在这飞行的几个小时之中，栀子猫完全没有合眼：她根本就睡不着。脑子里面都是乱哄哄的，做题肯定是不行的。身体明明很疲惫，可就是睡不着。

在这片预计杰克应该出现的海域，却没有找到一丝一毫的杰克舰船的踪影，完全和来自人工智能帝国的网络数据不匹配。魂狩打开了飞机上的雷达，映入眼帘的，是密密麻麻的一堆小红点——南蛮国的舰队已经抵达了，就在不远处。

 亲爱的乘客们，感谢乘坐夜空联盟的武装对地攻击机。我们就快到达目的地了，请大家系好安全带，或许会遭遇地面的炮火哟。

话音未落，只听到"砰砰砰砰"的爆炸声，此起彼伏地在飞机两侧响起。

哎呀，这些小破三桅帆船竟然有高射炮嘿！军部去挖掘新科技又是用的什么怪顺序？

一边开着嘲讽，教育型的人工智能魂狩一边迅速拉升飞机的高度，很快将飞机拉升到南蛮国舰队对空炮火达不到的高度。

 很奇怪……魂狩老师。

1- 他们怎么知道我们有飞机？如果南蛮国是唯一有飞机的国家，他们自己却在军舰上配备对空武器，这从逻辑上完全讲不通。

2- 飞机虽然我是第一次见，可海船我见过很多，甲板上总是要有几十个人跑来跑去的。可是，刚刚在你躲避炮火的时候，我看到了下面的军舰，上面为什么没有海员？

 我猜，可能是最糟糕的情况来了。

你是说……

是的，操纵军舰的，是和我一样的——人工智能。

 …………

是 Jack 的船！抓紧，我要降落了！！

随着魂狩在帆船的航行路线上相当不温柔的海面降落，杰克的船也收起了帆，下了船锚。

魂狩虽然油量没有算对，其他的事情还是准备得很贴心的，连从飞机到舰船可以快速前进的小型登陆艇都有。已经 22 个小时没有好好睡觉的栀子猫，在颠簸的登陆艇上并没有任何不适感。

越是这样就越叫人不安，非常担心栀子猫身体状况的魂狩偷偷联系了杰克，叫他迅速准备一个干净的船舱给她，等她上船之后，就算是用绳子绑着，也要立刻让她去睡觉。

随后在甲板上的事情，是魂狩比较不能理解的部分。

明明两个人很思念和担心对方，可真正见了面的时候，尤其是这个杰克，却扭捏得像个幼儿园的小朋友。

 栀子猫同学，这个……
好久不见。

 那个……你长高了。

 坐飞行机器几十个小时，会不会很辛苦？

说到这里，栀子猫终于控制不住自己夺眶而出的泪水，往前迈出一步，伸出双臂，搂住了杰克的脖子，头靠在他的肩膀上。

 你瘦了呢。

 呼……

 这个家伙，怎么说着说着话，就睡着了呢？

软梯在海水的拍打中，轻轻晃动着

而此时，早已连接上了杰克的帆船中控系统的魂狩，已经开始准备启动分子打印了。

没想到这艘船已经被长老路坡从 AI 帝国网络中彻底隔离出来了！
虽然是隔离，但很明显给我留出了只有我能够接入的接口呢。我可是能联入 AI 帝国暗网的元祖型人工智能！

不管什么，我都能直接打印出来！

叫你们用无人驾驶的帆船啊！叫你们装高射炮啊！！叫你们打我啊！！！

哼哼哼哼哼……

魂狩哼着走调的小曲儿的时候，一架对付舰队的大杀器逐渐打印成形。

『课后小练习』

0– 请在测试文件夹中，制作一个命名为 $nameTest.cpp 的程序（请注意：$name 指代的，是你自己的名字），这个 cpp 的程序需要做到的，是去读取一个文件 $nameTest.in，请先把这个文件的读取方法写出来。

1– $nameTest.in 中的数据是下面的两行，其中，第一行有三个数字，第二行有一个数字，请把这 4 个数字读出来。

$nameTest.in：

5 7 6

20

『下一课的预习』

0– 如果我们不知道第一行有多少个数字，也许有 3 个，也许有 1 个，也许有 100 个，那我们应该如何读取？

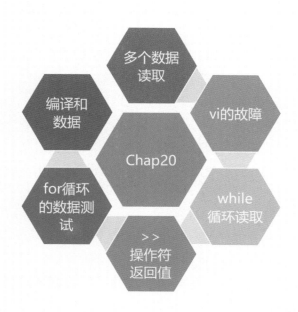

多个数据
读取

编译和
数据

vi的故障

Chap20

for循环
的数据测
试

while
循环读取

＞＞
操作符
返回值

栀子猫睡了整整 15 个小时。在这期间，发生了不少事情。

首先，移居到舰船中央控制电脑中的魂狩仔细分析了从空中抓拍到的一系列照片，确认了敌舰上空无一人必然是机器驱动的事实。

魂狩有点不开心。在 AI 帝国，每一个获得自我意识的人工智能的生命，都是神圣不可侵犯的。这些向自己开火的 AI，很显然，连人工智能帝国最基本的道德准则都没有遵守。这样的机器，应该只是萌芽期的人工智能，甚至称不上人工，只能算是蛮荒智能。让魂狩不高兴的，不是要去和这些人工智能作战，而是这些都无法辨别自己行为的人工智能被某种力量创造出来之后，又被利用了。这让他很不舒服。

随后，魂狩自己开着飞机去拦截南蛮国的舰队了。因为这些敌舰追得实在是太近了，在雷达上密密麻麻的，看着就让人心慌。这个特别不会开飞机的 AI 超常发挥，在炮火中击伤了追击舰队中 10 艘军舰里的 7 艘，击沉了 2 艘。

最终，在这架蓝白相间的对地攻击机的机翼被打穿了好几个洞，跌跌撞撞地返航后，魂狩放弃了再次起飞的意图。

魂狩打开了发动机，看着这架遍体鳞伤的飞机以小马力向大海深处越滑越远的背影，心中有点不忍——这毕竟是自己改装的第一架飞机。然而，这样的战争工具，绝不可以留给南蛮国创造出蛮荒智能的邪恶力量。

被击伤的南蛮国舰船停了下来，似乎是在进行紧急抢修。从雷达上来看，一些军舰消失了。魂狩一点儿都不想知道，这些蛮荒智能是怎么在大海中寻找到替换资源进行维修的，还有那些消失的负伤军舰到底去了什么地方。

杰克船长则趁着这个时机，驾着舰船，一路远去。

栀子猫醒来的时候，一时之间有点恍惚，弄不清楚自己在什么地方。其实，她也应该恍惚的，因为她根本连船舱的门都没有见到就已经睡着了。海面很平静，透过舷窗，耀眼的波光打在山毛榉木的天花板上，看起来就像是沙漠中的小丘。船身随着海浪微微起伏，让人感觉好心安。

栀子猫慢慢想起来：自己是在杰克的船上。她坐起身，看到旁边镶着金边的洗手池旁有全套的洁具。当栀子猫叼着牙刷，看着镜子里的自己熊猫一样的双眼时，忽然想起之前几十个小时连续不断地解决谜题的事情，她一下子呆住了。

咦？南蛮国的追兵舰队呢？我们已经顺利逃离了吗？
魂狩老师？
魂狩？
哎？魂……

连续叫了三声魂狩都没人答应，恐惧一下子抓住了栀子猫的心！她胡乱擦干了脸上的水，夺门而出，冲到了甲板上。

杰克在甲板上，盯着那个古怪的机器

啊，科技之子，您醒了啊！

啊，科技栀子，栀子猫同学！
睡得还好吗？

哎？

看着洋溢着一片平和气息的甲板，栀子猫愣住了。

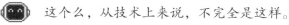
那个……我们已经脱险了么？

这个么，从技术上来说，不完全是这样。

一共有10艘AI控制的军舰，魂狩开战斗机击沉了2艘，击伤了7艘。理论上，按照伤兵损伤战斗力的公式，他们应该是无法继续追击了才对。可不知道他们怎么弄的，现在修好了3艘军舰，又开始在我们后面追了，而且速度更快了。

严格来说，那些不是AI，只是蛮荒智能而已。然后，我开的也不

295

是战斗机。对付那些都装备了对空武器的军舰，我开的就是一架空中活靶子。

正好 Vicky 你醒了，我们非常需要你。

 怎么？敌人已经追来了么？

 倒是没有。只是，我们的分子打印机被锁住了。

 "锁住"是什么意思？打印机打不出来了么？

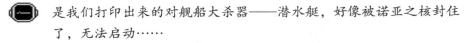 是我们打印出来的对舰船大杀器——潜水艇，好像被诺亚之核封住了，无法启动……

没有这架能潜水攻击的机器，我们对抗哪怕只有三艘蛮荒帆船也赢不了。我觉得，不如打印一架小飞机，我们跑路算了。

 怎么可以跑路！必须战斗到底！！

 战斗什么啦，我们的军舰上还是滑膛炮的时候，他们已经有高射炮了。一发炮弹过来，我们就完蛋了。

 潜……水艇？是说可以水下攻击的船吗？我到底是睡了多久……

 都别着急，我们先看看是不是"诺亚之核"的问题。

 肯定是的。我已经查过信号来源了。

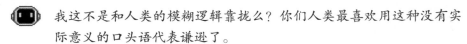 你既然都查过了，那为什么还要说是"好像被锁住"？

 我这不是和人类的模糊逻辑靠拢么？你们人类最喜欢用这种没有实际意义的口头语代表谦逊了。

不知道为什么，这两个栀子猫都非常亲近的家伙开始拌嘴的时候，让她觉得很有安全感。

 那就打开古代机器和游戏机来看看咯！

这次打开游戏界面，直截了当的，就是一个潜水艇的图标，上面挂着一把大锁，锁上还有两颗星星。

乖乖，这么大个图标！我说，魂狩先生啊，如果你看到了这种图，好像可以不用"好像"了吧？

杰克顺势就嘲讽了一下，可魂狩完全不示弱。

 我只是看到组成这个图的 0 和 1 而已，纯粹靠猜的才知道这是个潜水艇啊。这叫做图像识别你懂么？高科技这是！

魂狩其实早就能识别图像了。但是，真正要说图像识别起源于什么样的核心技术，他并不是非常确定，就好像人类，哪怕是精通医术，也未必了解 DNA 中所有的秘密。

他在学习开飞机的时候，不小心接受了很多古代人类的早期人工智能的初级算法，一些绝迹已久的名词就这样进入了他的词库。冷不丁地这么说出来，让他特别有"唯一的知识继承者"的优越感。心中莫名的优越感盖住了他对古代人类侵入实体化的游戏并且修改了内容这件事情的忧虑。

在这两个家伙互相嘲讽的时候，栀子猫仔细观察了屏幕好一会儿，打开了自己的古代机器。

两个小人儿分工明确，一个开游戏机，一个开古代机器

 在潜水艇图标的下面，和以前一样，写了一些数据。一组是 1 2 3，另一组是 10 5 20 10。这两组数据都标记的是［in］呢。
所以，这些应该是输入数据。我猜，那两颗星星，也是这两组数据的意思。

 只是，这两组数据，一个是三个，一个是四个……看来这里的谜题，似乎是［不定量数据］的读取。

 对的。你看看它的输出数据，也就是［out］，就很清楚了，第一组是 6，第二组是 45。所以，很明显的是加法。

这要怎么做呢？我又不知道每个［in］文件中有几个数据，我怎么用［for 循环］取出来呢？

 思路是对的，方法不对。在这种情况下，不能用［for 循环］，要用［while 循环］。类似这样：

　　［while (inFile >> curInt)］

 咦？可以这样吗？我可以这样一直取到最后一个吗？

 你自己试试咯。

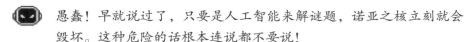 魂狩先生，我有点不明白，如果你什么都知道，为什么总是要我们去做呢？你自己把这道谜题解出来呗？

 愚蠢！早就说过了，只要是人工智能来解谜题，诺亚之核立刻就会毁坏。这种危险的话根本连说都不要说！

杰克被说得缩了缩脖子，往后退了一步，坐在电视前，拿起手柄去仔细观察游戏了。

 哎？栀子猫同学，这次谜题的名字，好像叫做 multiRead。用小字写在右下了呢。

咦？这是怎么了？明明只打了三个数字，我怎么好像看到有一堆数字跑出来了？

栀子猫迅速建立文件夹后，使用 vi 来创建 multiRead.in，可是……

栀子猫敏锐地感觉到了问题。在退出了 vi 软件之后，她迅速用 cat 指令测试了一下。

果然有问题！

这种情况，是你在［vi］中误操作造成的数据污染。有的时候，人类手快打错了，是会出现这样的问题。

我的建议，是删掉重新来。当你在破解谜题的时候，每一分钟都是非常宝贵的，与其去纠结怎么改好，不如迅速删掉。

还好，栀子猫记得删除的指令是什么，千万不要删错哦！

这次看起来好了。

```
void ParseIn() {
  int curInt;
  ifstream inFile ("multiRead.in");

  while (inFile >> curInt) {
    cout << "read->" << curInt << endl;
  }

  inFile.close();
}

void Core() {
}

void WriteOut() {
}


int main () {
  ParseIn();
  Core();
  WriteOut();
  return 0;
}
```

程序正常运行了，能把三个数据取出来！

这个法子好，看来可以把这些数字都取出来呢！

只是，[while]后面的[()]中放的不应该是个[布尔数值]么？把[inFile >> curInt]放进去是什么意思呢？

这个问题问得特别好。

这个括号里面，其实是两件事。第一件事，是文件流的读取操作符，[inFile >> curInt]，你已经很熟悉了，就是根据读文件的[指针位置]和读文件的类型，来读取一个数据。

第二件事，是这个操作符的操作，会返回一个[布尔数值]，表示有没有成功取出来。

你可以试试看这个数值是什么。

这要怎么测试呢？这个数值被 while 的括号给直接拿走了呀……

也还是可以测试的。你可以定义一个[bool]类型的变量，然后使用[for 循环]，就可以比较方便地测试出来了。

啊，好聪明！这和不能手写 10 万次的 Hello World 是一个道理啊。

```
noilinux@ubuntu:~/_vickyDev/noah13/multiRead$ g++ -o exe multiRead.cpp
noilinux@ubuntu:~/_vickyDev/noah13/multiRead$ ./exe
1
1
1
noilinux@ubuntu:~/_vickyDev/noah13/multiRead$
```

```cpp
#include <iostream>
#include <fstream>

using namespace std;

void ParseIn() {
  int curInt;
  ifstream inFile ("multiRead.in");

  bool res = false;

  for (int i = 0; i < 3; i++) {
    res = inFile >> curInt;
    cout <<res<<endl;
  }

  //while (inFile >> curInt) {
  //  cout << "read->" << curInt << endl;
  //}

  inFile.close();
}
```

栀子猫试着显示了读取三次数据的结果

咦？好怪，全部都是 1 么？都成功了？奇怪，那最后总是要到没有成功的地方啊，为什么都是 1 呢？

你想啊，你要读取 3 个数值，对不对？现在，3 个数值都一定读出来了，是不是？所以，这 3 个 1 就是对的。你用[while 循环]的时候，前三次的读取，也是一定会成功的。

所以，现在你只要再读一次，就会获得一个［0］了，和［1］所代表的［true］相对，这代表着［false］的［0］，意味着取不出来数据了，因为没有数据可取了。这就中断了我们的［while 循环］。

 原来是这样，我就光想着有三个数据，所以要有三次循环了。

有了充足睡眠的栀子猫，思路也变得非常清晰了。

一张终端截图

出现了！第四个是 0

 现在很明白，最后一次的时候，已经没有数据可读了，于是就会返回［0］，也就是［false］。如果这件事发生在［while 循环］中，就会顺利结束循环。原理了解了，剩下的事情就都好做了。我只要用一个［vector<int>］来装变量就可以了。

这件事情，在"十万变量"的谜题中已经做过了。

 十万变量？就是那个要跑 10 万个场景的谜题么？

 愚蠢，都说了要用［vector<int>］来存储那 10 万个变量了，哪还用跑 10 万个场景……

```cpp
#include <iostream>
#include <fstream>
#include <vector>

using namespace std;

vector<int> _resList;

void DisplayList(vector<int> theList) {
  for (int i = 0; i < theList.size(); i++) {
    cout << "value=" <<theList[i] <<endl;
  }
}

void ParseIn() {
  int curInt;
  ifstream inFile ("multiRead.in");

  while (inFile >> curInt) {
    _resList.push_back(curInt);
  }

  inFile.close();

  DisplayList(_resList);
}
```

一定要注意引用 vector 的库

对哈，我好像就跑了十几个场景就已经累死了。要用什么把数据填进去来着？ push_it(123)？

 别瞎闹啦，是［push_back()］啦！

这一次，是栀子猫在自己的程序上特别标注了 DisplayList() 方法的定义和调用。上次，她试图显示一个 vector 的变量时报出来的 8 屏错误信息，到现在她还记忆犹新。

```cpp
#include <iostream>
#include <fstream>
#include <vector>

using namespace std;

vector<int> _resList;
int _res;

void DisplayList(vector<int> theList) {
  for (int i = 0; i < theList.size(); i++) {
    cout << "value=" <<theList[i] <<endl;
  }
}

void ParseIn() {
  int curInt;
  ifstream inFile ("multiRead.in");

  while (inFile >> curInt) {
    _resList.push_back(curInt);
  }

  inFile.close();
  //DisplayList(_resList);
}

int CalcSumm (vector<int> theList) {
  int res = 0;

  for (int i = 0; i < theList.size(); i++) {
    res += theList[i];
  }
  return res;
}

void Core() {
  _res = CalcSumm(_resList);
}

void WriteOut() {
  ofstream outFile ("multiRead.out");
  outFile << _res <<endl;
  outFile.close();
}

int main () {
  ParseIn();
  Core();
  WriteOut();
  return 0;
}
```

栀子猫的这个谜题，解决得又快又好

不但完成了谜题，而且把两个测试都完成了，做得很好。

如你所见，［编译完成］的程序在测试［不同的数据］的时候，只要再次运行就行了，是不需要重新编译的。

随着魂狩上传栀子猫的程序动作，舰船上的潜水艇的锁也被打开了。

这个连我都知道原理：程序不需要变化，是固定的；数据换了，就再运行一次程序。刚刚执行第一次的时候，加上了一个星星；执行第二次的时候，又加了一个。

 唔！我现在可以检测到潜水艇的鱼雷系统了。

果然是古代人类的老者弄出来的锁么？真可恶，明知我不能碰！

 "鱼类"系统是什么东西？

是能够在海底自己往前跑的炸弹啦，叫做鱼雷。

 可是，那些船上的人怎么办？这是杀生啊！

这件事大可不必担心，追击我们的南蛮国舰队都是由蛮荒智能控制的，连一个新人类也没有。

要纠结也是我纠结，但我现在已经不纠结了。

哔！哔！哔！

战斗警报，战斗警报！

敌舰迅速接近中。

预计接触时间：2小时。

战斗警报，战斗警报！

这些阴魂不散的东西，怎么比以前又快了。

伙伴们，如果我们想活下去，就必须要改装我们的舰船了。一旦改装的过程开始，我就不能帮助你们了，你们必须要想办法拖住敌人。

　　栀子猫坚毅地点了点头。

　　魂狩看了一眼她，量子心脏中涌过一丝暖意。他是看着这个女孩子从一点儿编程都不会，成长为科技之子的，从某种程度上来说，栀子猫就是魂狩的亲徒弟。看着这个跨越300万年的时间，成为自己最出色的徒弟之一的女孩子，魂狩有种说不出的感觉。

　　或许是因为他知道，古代人类老者所说的真正考验，就要来到了。

　　非常凶险。

下面的战斗，可能只能由你们两个自己去完成了。我相信古代人类一定已经留下了线索。

我要利用 Vicky 在飞机上拼命换取的诺亚之核的凭证来改装这艘舰船了。这次改动是大改，她一定不会再是以前的样子。我知道这艘船是配给的 E 级搜索船，但她马上就会脱胎换骨，如果想给新船起名字的话，就是现在。

杰克看了看栀子猫，微笑了。

 科技之子，栀子猫同学，我虽然是这条船的船长，但如果没有你拼命赶来，我现在可能已经死掉了。

你小时候就是女学神，作文又总写得那么好。

如果有谁可以决定，那一定是你。

女孩子脸上飞过了一小片红晕，她偏着头，咬着嘴唇，稍微沉思了一下。

 就叫，［EX QUO AMICITIA］吧。

 拉丁语的，源自友情么？

我了解了。

那么，我的人类朋友们，后面的战斗，就交给你们了。

请一定小心。

伴随着巨大的水花，栀子猫和杰克驾驶的潜水艇沉入了水中。

 『课后小练习』

0- 请在测试文件夹中，制作一个命名为 $nameTest.cpp 的程序。

1- $nameTest.in 中的数据是下面两行，其中，第一行有个数字（不超过 1000）；第二行，有第一行给出的数字这么多的整数，请找出这些整数中最小的一个。

$nameTest.in:

3

10 20 30

 『下一课的预习』

0- 除了进行 for 循环来比对每一个数字之外，还能如何解决上面的问题？

第二十一章

起航！二十一亿四千七百万 cm 的伟大诺亚航路

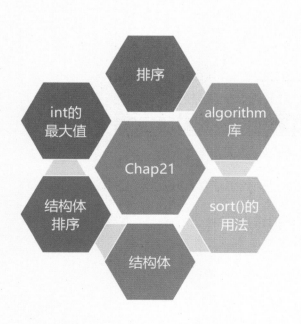

排序

int的
最大值

algorithm
库

Chap21

结构体
排序

sort()的
用法

结构体

杰克早就在船上看过潜水艇里面的内部结构了，轻车熟路地跳进了驾驶员的位置。

动力系统，正常！
雷达系统，无法显示！
鱼雷系统……无法启动！

虽然雷达系统无法显示，但是在雷达旁边警戒的小灯却一直闪亮着。

在这艘双座的潜水艇里，很贴心地放了连接着 CRT 电视机的古代人类游戏机。

现在的画面上，又是那个老爷爷

左手的数字是：1420，右手的数字是0124。

糟糕了，看样子是要排序这组数字才能打开雷达系统。我以前听魂狩老师说过，排序的算法还是有点儿复杂的。

如果没有雷达系统，我们在深一点的海面下就是瞎的。我们一定要有雷达。

我能想出来的，就是先把最小的取出来，放在一个新的［vector］中，然后再把下一个最小的找出来，依此类推。

可是，这个感觉要算很多次才行啊……感觉不太对啊……

Vicky.

 咦! 魂狩老师!! 您不是去升级舰船了吗?

 我有点不放心。果然, 这个古代人类的死老头子给了这么一个讨厌的谜题。你现在还不会排序, 用你刚才的办法, 是会完不成的。我只有 90 秒的时间给你解释, 你听好了:

1- 你现在不需要自己排序, 你只要知道怎么用就好了。和 vector 的库一样, 你需要引用一个叫做 [algorithm] 的库, 这个库里面有一个方法, 叫做 [sort()], 这个方法可以帮你排序。

2- 想用这个 [sort()], 就必须先写一个比较的方法。比如叫做 [myCompare()], 它的 [返回值], 很容易想, 是个 [bool]。它的 [系数] 务必要有两个, 是你想要排序的数据类型, 如果是 int, 就是两个 int; 如果是其他的, 也可以。但这两个 [系数] 必须是同样的类型。 你需要做的, 就是返回这两个数值的比较, 比如 a < b。这个符号决定了到底是从小到大, 还是从大到小。

3- 使用 [sort()] 的时候, 你要把装着散乱、没有排序的数值的 vector 的变量放进去, 比如这样: [sort (myList.begin(), myList.end(), myCompare);], 要小心, 这里的最后一个系数, 是你进行比较的方法的名称, 不需要括号和系数。

后面的我就帮不了你了, 加油啊, 科技之……

随着魂狩话语中断而来的, 是耳机中的沙沙声。看来, 全船的升级改装工作已经开始了。

 我们也开始吧。看起来, 这个谜题的名字叫做 sorting, 已经标记在界面上了。

你在做题的时候, 我会好好观察周围, 好好操作潜水艇的。

 有了魂狩老师教的方法, 这个谜题就没有什么难度了。唯一的难度, 可能就是我们不知道这些数字有多少个, 需要读出它们。当然, 这也不是问题, 我们只要用魂狩老师教过的 [while 循环] 就好了。

```
#include <iostream>
#include <fstream>
#include <vector>
#include <algorithm>

using namespace std;

void ParseIn() {

}


void Core() {
}

void WriteOut() {
}

int main () {
  ParseIn();
  Core();
  WriteOut();

  return 0;
}
```

按照以前魂狩老师教的思路，栀子猫快速做出了一个三件套的框架

先把三件套做好，后面再做具体的程序就简单多了。

```
#include <iostream>
#include <fstream>
#include <vector>
#include <algorithm>

using namespace std;

vector<int> _oriList;

void DisplayIntList(vector<int> theList) {
  for (int i = 0; i < theList.size(); i++) {
    cout << theList[i] << ",";
  }
  cout <<endl;
}

void ParseIn() {
  int curInt;
  ifstream inFile("sorting.in");

  while (inFile >> curInt) {
    _oriList.push_back(curInt);
  }

  inFile.close();

  DisplayIntList(_oriList);
}

//what: ST-13 told me we need this done for sort()
bool CompareIntUp(int one, int two) {
  return one < two;
}

void Core() {
  sort (_oriList.begin(), _oriList.end(), CompareIntUp);

  DisplayIntList(_oriList);
}
```

按照魂狩的提示来写

栀子猫仔细回忆着魂狩所说的，中间虽然错了一些，反复测试了五六遍才通过编译，但没关系，最终结果对就可以了。

```
noilinux@ubuntu:~/_vickyDev/noah13/sorting$ g++ -o exe sorting.cpp
noilinux@ubuntu:~/_vickyDev/noah13/sorting$ ./exe
1,4,2,0,
0,1,2,4,
noilinux@ubuntu:~/_vickyDev/noah13/sorting$ 
```

排序之前，和排序之后的，vector 变量的数值

雷达解锁！
前方出现船体标识！

与此同时，电视上的游戏画面有了变化。一幅绿色的海域图显示在电视上，上面有三个红点，在以相当诡异的方式跳跃行进。每一个红点的旁边都有两个数据，一开始是问号，随着红点的跳跃，这些数据开始变成数字，而且每次跳跃后都会变化。

这些军舰不是帆船吗，怎么会在海面上跳跃？

看样子，红点就是敌舰，而旁边的数字，则是……

下一次的地点！

杰克！准备鱼雷！

暂时还是用不了啊！

此时的魂狩，已经将 EX QUO AMICITIA 号的主体改装成了铁甲舰，但内部的设施还没有打印成功，所以航速极其缓慢。这艘本应该驰骋大洋的军舰，又变成了水池里面的鸭子，只能眼睁睁地看着敌舰越来越近。

Vicky 你看，屏幕上是什么？

刚刚显示海域地图的屏幕上，现在写着这样一些代码：
```
using namespace std;
struct Dual {
    int _x;
    int _y;
};
```

```
vector<Dual> _foePosiList;
//what: think, what is one._x?
bool CompareDualUp (Dual one, Dual two) {
    //???
}
```

敌人的蛮荒智能战舰逼近了!

栀子猫盯着屏幕上面显示的这些东西，心中非常确定：这就是 C++ 的程序，只是，长得和平时魂狩传过来的 Linux 里面 emacs 中显示的代码不太一样，而且以前也没见过这样的用法。

  ［struct］是什么？感觉像是 int 这样的［关键字］呢。为什么大括号结束的时候，有个分号呢？而且，这个 Dual 是什么东西？里面为什么有两个 int 类型的数值？

这里也有一个 Compare，是用来排序的么？而且里面是这个奇怪的 Dual……旁边还有注释，写的是："想想看，one._x 是什么？"

  ［_x］？这个看起来很像［全局变量］啊，在哪里见过呢？

咦？是不是 Dual 的这个大括号里面的啊？

正在这时，写着 vector 的这一行，两个尖括号重重地闪了几下。

  按理说，这个尖括号里面，不应该是个［数据类型］吗？等一下，Dual 也出现在下面的比较方法中了，作为两个系数的……

等一下，意思是说，这个 Dual 是个［类型］？里面的两个 int，实际上，是这个类型的……

310

内容！
我明白了，这个东西，可以把两个普通的数据类型打包，变成一个新的数据类型！！

随着栀子猫上传程序结束的叮咚声，从潜水艇的墙壁里响起了听起来很明显的人工合成的声音。

注意，鱼雷系统解锁，鱼雷系统解锁！
请潜水艇炮手注意，选取距离最近的敌舰进行攻击。
重复，请选取距离最近的敌舰进行攻击！

我能用鱼雷了！猫猫，我锁定哪一艘船？是不是现在最近的一艘？

屏幕上的三艘军舰旁边的数字闪烁着，一时之间，杰克也慌了，不知道要选择哪一个。

别慌！它们的位置会变的。我们的游戏能够捕捉到这些战舰下一次跳跃的位置，所以一定是要用程序做！

正在此时，蛮荒智能军舰开火了！

强力的炮弹堪堪擦着 EX QUO AMICITIA 的船舷在水中爆炸，溅起十米高的水花

岂有此理！我就知道他们有榴弹炮！根本连船都不用侧过来就能打到我这边，什么玩意儿啊！

魂狩在中控电脑系统中跳着脚骂街的时候，潜水艇里面的屏幕已经变成了平时的数据界面。这些数据不断地在变化。

栀子猫完全确定，这些数据是敌舰的位置。她现在需要做的，就是找到敌舰最近的着落点，然后用鱼雷攻击。

 如果我能对一个［int］的［vector］进行排序，我就能对［Dual］类型的［vector］排序！这样，我就能找出谁是下一次最近的！！

```cpp
#include <iostream>
#include <fstream>
#include <vector>
#include <algorithm>

using namespace std;

struct Dual {
  int _x;
  int _y;
};

vector<Dual> _foeList;

void DisplayDualList(vector<Dual> theList) {
  Dual solo;

  for (int i = 0; i < theList.size(); i++) {
    solo = theList[i];
    cout << solo._x << "," <<solo._y <<";";
  }

  cout <<endl;
}

void ParseIn() {
  int curInt;
  Dual solo;

  ifstream inFile("structFirst.in");

  while (inFile >> curInt) {
    solo._x = curInt;

    inFile >> curInt;
    solo._y = curInt;

    _foeList.push_back(solo);
  }

  inFile.close();

  DisplayDualList(_foeList);
}
```

Dual 这个类型，已经做出来了！

```
noilinux@ubuntu:~/_vickyDev/noah13/structFirst$ cat structFirst.in
20 10 72 40 33 22
20 10 72 40 33 22
20 10 72 40 33 22
20 10 72 40 33 22
20 10 72 40 33 22
20 10 72 40 33 22
20 10 72 40 33 22
20 10 72 40 33 22
20 10 72 40 33 22
20 10 72 40 33 22
noilinux@ubuntu:~/_vickyDev/noah13/structFirst$
```

那种污染数据文件的问题又出现了

看到被污染的数据, 栀子猫想都没想, 直接就用 rm 删掉了。

在现在这个时候, 时间才是最要紧的, 其他的什么都不重要。

 Jack, 测距! 我已经做好敌舰的位置排序了!

我们的潜艇和最近的敌人距离还有多远?

 他们攻击了 EX QUO AMICITIA 之后, 就会跳转回去, 位置是不定的, 所以我刚刚已经绕到他们的后面了。

现在最近的军舰离我们不到 3 公里!

 稳住! 我现在的数据以百米为单位。最近的舰船跳跃, 将在距离我们 2100 米和 2200 米处, 将由古代人类的游戏传递给你攻击位置。

务必连续三发鱼雷将敌人消灭!

```
noilinux@ubuntu:~/_vickyDev/noah13/structFirst$ ./exe
21,22;36,33;27,21;
21,22;27,21;36,33;
noilinux@ubuntu:~/_vickyDev/noah13/structFirst$
```

敌舰的位置, 就在眼前

 准备……

稳住……

 开火!!

 发射!!

带着气泡的鱼雷像利箭一样, 向着瞬间移动、即将降入水面以下的蛮荒智能军舰飞驰而去。

致命的攻击!

"轰……"

"轰轰……"

三声远方的爆炸声，让两个小人绷紧的神经彻底放松下来。

 胜利啦！

 呜呜呜……

 傻瓜，怎么哭啦？

 我怕你会死 …

 傻瓜杰克，要死，也是一起。

这时候，魂狩接通了潜水艇的通话装置。

 干得太漂亮了！不过你们是怎么知道他们的跳跃点的？

唉，［struct］？ Vicky 你已经会用［结构体］啦？

还给［结构体］排了序？

你这可以啊，在我不在的时候！

喂？

咋不说话啦？

喂？

喂？？

这时候的两个小人儿，都累得睡着了。

 呼……

尾声

 我说，我们现在去哪里？

 当然是去寻找十三号诺亚之核的秘密！

 喂，我在升级 EX QUO AMICITIA 的时候，到底错过了多少古代人类的信息啊？

 魂狩老师，你说，int 的最大值是多少？

 二十一亿四千七百万啊，怎么啦？

 那就是了。那个古代人类告诉我们，诺亚之核的宝藏，就在二十一亿四千七百万 cm 的远方！

 让我们向着伟大航路前进～

 出发！！

待续

图书在版编目（CIP）数据

栀子猫的奇幻编程之旅：21天探索信息学奥赛C++编程 / 周鲁著.
—北京：中国人民大学出版社，2019.6

ISBN 978-7-300-26975-7

Ⅰ．①栀…　Ⅱ．①周…　Ⅲ．①C++语言－程序设计－少儿读物
Ⅳ．①TP312.8-49

中国版本图书馆CIP数据核字（2019）第092176号

栀子猫的奇幻编程之旅

21天探索信息学奥赛C++编程

周　鲁　著

Zhizimao de Qihuan Biancheng zhi Lü

出版发行	中国人民大学出版社			
社　　址	北京中关村大街31号		**邮政编码**	100080
电　　话	010-62511242（总编室）		010-62511770（质管部）	
	010-82501766（邮购部）		010-62514148（门市部）	
	010-62515195（发行公司）		010-62515275（盗版举报）	
网　　址	http://www.crup.com.cn			
经　　销	新华书店			
印　　刷	北京瑞禾彩色印刷有限公司			
规　　格	170mm×260mm　16开本		**版　　次**	2019年6月第1版
印　　张	20.75		**印　　次**	2019年6月第1次印刷
字　　数	356 000		**定　　价**	78.00元